DER KARRIEREGURU

MISSION TRAUMJOB

Mehr Spaß, mehr Geld, mehr Leben
So kriegst du den Job,
der dich glücklich macht

riva

Bibliografische Information der Deutschen Nationalbibliothek
Die Deutsche Nationalbibliothek verzeichnet diese Publikation in der Deutschen Nationalbibliografie. Detaillierte bibliografische Daten sind im Internet über http://dnb.d-nb.de abrufbar.

Für Fragen und Anregungen:
info@rivaverlag.de

1. Auflage 2022

Türkenstraße 89
80799 München
Tel.: 089 651285-0
Fax: 089 652096

Redaktion: Daniel Wiechmann
Lektorat: Silke Panten
Umschlaggestaltung: Karina Braun
Illustrationen im Innenteil: © Tobias Jost
Satz: Daniel Förster, Belgern
Druck: CPI
Printed in the EU

ISBN Print 978-3-7423-2078-0
ISBN E-Book (PDF) 978-3-7453-1851-7
ISBN E-Book (EPUB, Mobi) 978-3-7453-1852-4

INHALT

KAPITEL 4: MISSION TRAUMJOB

KAPITEL 5: DIE WICHTIGSTEN TOOLS UND TECHNIKEN

KAPITEL 6: DIE HÄUFIGSTEN PROBLEME UND FRAGEN AN DEN KARRIEREGURU ...

10 DINGE, DIE ICH MIT DIESEM BUCH FÜR DICH TUN KANN

Heute ist der erste Tag vom Rest deines Lebens. Wahrscheinlich bist du schon einmal über diesen Satz gestolpert. Aber hast du seine Bedeutung wirklich gefühlt? Hast du die emotionale Wucht, die in diesem Satz steckt, tatsächlich an dich herangelassen? Oder bist du seinem Gewicht – ob bewusst oder unbewusst – bisher stets ausgewichen? Noch mal: Heute ist der erste Tag vom Rest deines Lebens.

Ahnst du, was diesen Satz so besonders und wertvoll mach? Er hinterfragt deinen Umgang mit der wichtigsten Ressource, die dir als Mensch zur Verfügung steht: deiner Lebenszeit. Wie gehst du mit deiner Lebenszeit um? Stehst du jeden Morgen zufrieden auf und freust dich auf das, was dich an deinem Tag erwartet? Gehst du einer Tätigkeit nach, die dich erfüllt? Und tust du das vielleicht sogar an der Seite von Menschen, die dich unterstützen, motivieren und inspirieren? Dann sage ich: Herzlichen Glückwunsch! (Und wundere mich ein bisschen, dass du dieses Buch dennoch gekauft hast.)

Die Unzufriedenheit über den Tag, der vor einem liegt, kann mehrere Ursachen haben. Viele Berufsanfänger:innen wissen zum Beispiel oft gar nicht, wo sie sich überhaupt bewerben sollen. Sie haben bisher kein Gefühl dafür entwickelt, welcher Job zu ihnen passen könnte. Entsprechend oft liegen sie mit der Wahl daneben und sind – verständlicherweise – bald unmotiviert, weil ihnen der Job keinen Spaß macht. Es gibt jedoch auch Berufsanfänger:innen, die sich mit ihrer Bewerbung und dem gesamten Bewerbungsprozess schwertun und erst gar keinen Fuß bei einem Unternehmen in die Tür kriegen. Dauert dieser Prozess länger an, wachsen die Selbstzweifel und das Thema Arbeitssuche wird zur täglichen Qual.

Daneben gibt es noch eine große Zahl an Menschen, die bereits mehrere Jahre im Arbeitsleben stehen und dennoch unzufrieden sind. Immerhin mehr als 60 Prozent der Arbeitgeber:innen glauben laut einer aktuellen Umfrage, dass sie beruflich feststecken und ihr Beruf ihr Privatleben negativ beeinträchtigt.

75 Prozent der Arbeitnehmer:innen wären sogar bereit, grundlegende Veränderungen in ihrem Job vorzunehmen.* Warum ist das so? Und was hindert diese Menschen daran, ihr Leben zu ändern? Was hindert dich daran, dein Leben zu ändern, falls auch du unzufrieden in deinem Job bist?

Ich selbst habe einige Jahre gebraucht, um wirklich den Job zu finden, der am besten zu meiner Persönlichkeit und zu meinem Leben passt. Und dass, obwohl ich es zuvor als Unternehmer von der Hauptschule bis ins Silicon Valley geschafft hatte. Nach außen hin war ich erfolgreich. Ich verdiente gutes Geld. Ich lebte in spannenden Metropolen in den USA und überall auf der Welt. Ich betreute Kund:innen aus der ganzen Welt.

Wirklich glücklich war ich jedoch nicht.

> »Glück hängt nicht davon ab, wer du bist oder was du hast; es hängt nur davon ab, was du denkst.«
>
> Dale Carnegie

Glücklich bin ich erst jetzt als »Karriereguru«. Der Karriereguru ist die Person, die ich gern an meiner Seite gehabt hätte, als ich meine berufliche Karriere gestartet habe. Ich hätte mir so vielleicht den einen oder anderen Umweg sparen können, um meinen Traumjob zu finden. Es ist für mich eine Bestimmung geworden, anderen Menschen zu helfen, die Hindernisse und Probleme zu überwinden, die zwischen ihnen und einem erfüllten (Berufs-)Leben stehen. Die folgenden zehn Dinge kann ich dabei für dich tun:

1. Ich werde dir helfen, schnell einen Job zu finden

Du brauchst einen Job. Jetzt. Nicht in einem Monat. Nicht in einem halben Jahr. Sondern jetzt. Es gibt Situationen im Leben, in denen es bei der Jobsuche einfach nur schnell gehen muss. Etwa wenn in einer Familie durch eine

* Moritz Förster: »Arbeitnehmer zunehmend unzufrieden mit Job und Vorgesetzten«; *iX Magazin* auf heise.de, 27.10.2021, https://www.heise.de/news/Arbeitnehmer-zunehmend-unzufrieden-mit-Job-und-Vorgesetzten-6230707.html (zuletzt aufgerufen am 21.3.2022)

plötzliche Krankheit ein Einkommen wegbricht. Oder wenn man in eine andere Stadt ziehen will, um endlich keine Fernbeziehung mehr führen zu müssen. Auch nach einer unerwarteten betriebsbedingten Kündigung möchten manche sofort wieder Fuß fassen. Sie wollen oder können sich keine berufliche Auszeit leisten. Immer wieder melden sich zudem Menschen bei mir – vor allem Berufsanfänger:innen –, die nach mehreren erfolglosen Bewerbungen langsam Panik bekommen. Sie sagen oft verzweifelt: »Ich habe Angst, dass ich niemals einen Job finden werde.«

Diese Angst kann ich ihnen und dir – falls du sie auch hast – nehmen. Das Geheimnis, schnell einen Job zu finden, ist ungemein simpel. Sobald du die Technik anwendest, die ich dir vorschlagen werde, wirst du erleben, dass du nicht nur konkrete Jobangebote bekommst, sondern sich zusätzlich viele weitere positive Effekte einstellen. Welche genau das sind, erfährst du in Kapitel 4, in dem wir uns intensiv mit dem gesamten Bewerbungsprozess auseinandersetzen. Glaub mir: Schnell einen Job zu finden, ist kein Hexenwerk. Gleichzeitig reicht es nicht aus. Langfristig sollte es nämlich dein Anspruch sein, nicht nur irgendeinen Job zu finden, sondern den richtigen. Den Job, der wirklich zu dir passt: deinen Traumjob.

2. Ich werde dir helfen, den richtigen Job zu finden

Ich habe bewusst geschrieben, dass wir gemeinsam nach *deinem* Traumjob suchen werden. Denn den *einen Traumjob* gibt es nicht. Jeder von uns bringt unterschiedliche Fähigkeiten und Bedürfnisse mit, die den eigenen Traumjob prägen. Während die eine im Job lieber viel unterwegs ist und gern auf Reisen geht, freut sich der andere, jeden Abend wieder bei seiner Familie sein zu können. Manche Menschen gehen in ihrer Arbeit regelrecht auf und stürzen sich ohne Probleme in eine 50- oder 60-Stunden-Woche. Andere wiederum schätzen es, wenn sie mehr Zeit für ihre vielfältigen Hobbys haben. Sie wollen womöglich nur Teilzeit arbeiten. Feste Strukturen und Regeln geben mancher Person Halt und Orientierung. Jemanden wie mich, der gerne selbstbestimmt arbeitet, den engen strikte Vorgaben dagegen ein. Wer gern mit Zahlen hantiert, ist im Controlling oder in der Buchhaltung bestens aufgehoben. Arbeitet jemand lieber mit Menschen, würde er sich in einem Zahlenjob zu Tode langweilen.

Ein Job hat viele unterschiedliche Facetten. Das gilt auch für einen Traumjob. In Kapitel 2 werden wir uns eingehender mit der Frage beschäftigen, was einen Traumjob wirklich ausmacht und wie man ihm auf die Spur kommt. Nur so viel vorweg: Um deinen Traumjob zu finden, ist es notwendig, dass du dir deiner Stärken und Schwächen bewusst wirst. Du musst dich selbst und deine Persönlichkeit kennenlernen. Dabei ist es egal, ob du am Anfang deiner Karriere oder bereits längere Zeit mit beiden Beinen im Jobleben stehst.

3. Ich werde dir zeigen, wie du dich selbst und deine Persönlichkeit besser kennenlernst

Es gibt in der Schule viele wichtige Dinge, die wir nicht lernen. Zum Beispiel, für sich selbst die richtigen Fragen zu stellen. Fragen, die uns im Leben weiterbringen. Eine Frage, die jede:r von uns in seinem Leben sicherlich schon einmal gehört hat, lautet: »Was willst du später eigentlich mal werden?« Sie wird meist von Tanten oder Onkeln auf Familienfeiern gestellt. Mir selbst wurde sie auch gestellt. Und ich erinnere mich noch gut daran, wie ich – inspiriert von Ausgrabungen in der Nähe unseres Wohnortes – unbedingt Archäologe werden wollte. Später habe ich mir vorgestellt, Astronaut zu werden, weil mich das Weltall faszinierte. Und eine Zeitlang liebäugelte ich sogar damit, Golfprofi zu werden.

Warum ich all das nicht geworden bin? Obwohl ich in meinem Jahrgang in der Region bester Jugendspieler war, reizte mich Golf allmählich nicht mehr. Zudem spürte ich, dass ich bald eine physische Grenze erreichen würde und dass meine Fähigkeiten nicht ausreichten, um mich im Golf noch entscheidend weiterzuentwickeln. Für die Astronomie fehlte mir ein tieferes Verständnis für Physik sowie Naturwissenschaften allgemein. Und meine romantisierten Vorstellungen von der Archäologie verflogen mit der Zeit und wichen einem realistischen Bild, das mich nicht mehr ansprach. Mit anderen Worten: Ich verlor das Interesse an all diesen Berufsmöglichkeiten, nachdem ich mich selbst – meine Persönlichkeit und meine Fähigkeiten – in Beziehung zu diesen Jobs gesetzt hatte. Mir wurde bewusst, dass mich lediglich die Themen interessiert haben, nicht jedoch die Prozesse, die mit diesen Themen verbunden waren.

»Was willst du später einmal werden?« ist ohne Zweifel eine spannende Frage. Aber es ist nicht die Frage, die dich zu deinem Traumjob führt. Denn bevor wir uns ausmalen, was wir später einmal werden wollen, ist es viel wichtiger, dass wir uns klarmachen, wer wir sind, was uns motiviert, was wir gerne machen, welchen Werten wir folgen und wo unsere Stärken und Schwächen liegen. Für dich bedeutet das: Erst nachdem diese Beschäftigung mit dir selbst stattgefunden hat (s. Kapitel 2), zeichnet sich für dich der Weg zu deinem Traumjob ab.

4. Ich werde dich anleiten, einen persönlichen Karriereplan zu entwickeln

Stell dir vor, die Auseinandersetzung mit dir selbst hat dich zu deinem potenziellen Traumjob geführt. Schauspieler:in zum Beispiel. Oder Steuerberater:in, Ärtz:in, Köch:in, Mediengestalter:in … oder welcher Beruf es auch sein mag. Und – noch besser – du bringst sogar alle relevanten Fähigkeiten mit, um in deinem Traumjob erfolgreich sein zu können. Das bedeutet jedoch nicht, dass du am Ziel bist. Zwischen dir und deinem Traumjob steht noch eine alles entscheidende Frage: Bist du bereit, dass zu tun, was notwendig ist, um deinen potenziellen Traumjob zu bekommen und zu leben?

Solltest du Schauspieler:in werden wollen, musst du womöglich zuerst in deine Ausbildung an einer Schauspielschule investieren. Sollten dich deine Eltern nicht unterstützen können, wirst du diese Ausbildung mit Nebenjobs finanzieren müssen. Hast du das geschafft, wartet womöglich eine Zeit mit vielen Castings und vielen Absagen auf dich. Wärst du bereit, eine solche Zeit der Unsicherheit durchzustehen? Solltest du nicht bereit sein, all das auf dich zu nehmen, entpuppt sich der vermeintliche Traumjob schon bald als Alptraumjob. Solltest du dir der möglichen Hindernisse jedoch bewusst sein, brauchst du nur noch Geduld … und deinen Karriereplan.

In der Regel überschätzen Menschen, was sie in einem Jahr erreichen können. Und sie unterschätzen, was sie in zehn Jahren erreichen können. Ersteres führt dazu, dass viele Menschen nach kurzer Zeit hinschmeißen, weil sie nicht sofort bekommen, was sie sich erhofft haben. Letzteres führt dazu, dass sich viele erst gar nicht auf den Weg machen, weil sie glauben, nicht anzukommen.

Für deinen Karriereplan ist es wichtig, Dinge in die richtige Perspektive zu setzen. Wie du das machst, erarbeiten wir in Kapitel 2 dieses Buches.

5. Ich werde dir helfen, dein Selbstbewusstsein zu stärken

Aktuell befinden wir uns in einem Arbeitnehmermarkt. Die Nachfrage nach qualifiziertem Personal ist höher als das Angebot. Unternehmen aller Branchen suchen händeringend nach Fachkräften. Und sie lassen sich einiges einfallen, um geeignete Kandidat:innen an sich zu binden. Warum sind dennoch so viele Menschen (zur Erinnerung: Es sind mehr als 60 Prozent!) in ihrem Job unzufrieden? Warum nutzen sie nicht ihre Macht, um in ihrem jetzigen Unternehmen Veränderungen einzufordern? Und falls das nicht funktioniert: Warum suchen sie nicht nach einem Arbeitgeber, bei dem sie sich wohlfühlen?

Der Grund hierfür liegt meist in einem nicht ausreichend ausgeprägten Selbstbewusstsein. Vor allem Menschen, die bereits einige Jahre im Beruf sind, tun sich schwer, eine berufliche Veränderung zu realisieren. Die Angst, das, was man sich aufgebaut hat, zu verlieren, überlagert bei ihnen die Unzufriedenheit und das Unwohlsein. Sollte es dir auch so gehen, werden wir daran arbeiten.

Auch führt ein schwach ausgeprägtes Selbstbewusstsein oft dazu, dass sich Menschen als Opfer sehen. Entweder ist der Chef am katastrophalen Projektmanagement schuld. Die Kund:innen behandeln einen mies und haben keine Ahnung. Die Kolleg:innen unterstützen einen nicht genug. Und überhaupt: Obwohl die Kolleg:innen nicht besser sind, verdienen sie mehr und sind die Lieblinge beim Chef … Es scheint unendlich viele Gründe zu geben, warum es im Job hapert. Ein Fakt eint jedoch alle Punkte auf der Liste: Immer sind die anderen schuld.

Sind sie nicht.

Du bist der CEO deines Lebens. Du bestimmst. Du triffst die Entscheidungen. Der Chef behandelt dich ungerecht? Wann hast du das letzte Mal mit ihm darüber gesprochen? Die Kund:innen nerven? Wann hast du dein Verhalten ihnen gegenüber geändert oder ihnen eine Grenze aufgezeigt, damit sie die Chance bekommen haben, in Zukunft anders auf dich zu reagieren? Deine Kolleg:innen verdienen viel mehr als du? Wann hast du zuletzt mit deinen Qualifikationen argumentiert, um eine Gehaltserhöhung zu bekommen?

Ja, du kontrollierst nicht die ganze Welt. Dein Einfluss stößt immer wieder an Grenzen. Vor allem dann, wenn du mit anderen Menschen in einem Team zusammenarbeitest. Aber du hast jeden Tag die Möglichkeit, Prozesse in Gang zu setzen und zu verändern. Dies gelingt dir jedoch nur, wenn du aus der Opferrolle herauskommst. Wenn du aufhörst, allen anderen die Schuld an deiner Misere zu geben. Du musst Verantwortung für dich selbst übernehmen und dir deiner Selbstwirksamkeit – also der Dinge, die du tatsächlich selbst in der Hand hast – bewusst werden. Auch dabei kann ich dir helfen.

6. Ich werde dir Techniken beibringen, mit denen du aktiv wirst und deine Selbstwirksamkeit erhöhst

Um Probleme zu lösen, arbeite ich gern mit sogenannten Frameworks. Das Downside-Framework hilft mir zum Beispiel, eine andere Perspektive zu meinem Problem einzunehmen. Wenn ich mit dem Rubberband-Modell arbeite, hinterfrage ich Entscheidungen. Was hält mich? Was zieht mich? Das No-Zero-Days-Prinzip hilft mir, meinen inneren Schweinhund zu überwinden. Durch Kaizen meistere ich besonders große Herausforderungen leichter. Es hilft mir, nicht zu verzweifeln, sondern Schritt für Schritt zu gehen und eine Aufgabe nach der anderen zu erledigen. All diese Techniken helfen mir, mich darauf zu fokussieren, was ich selbst tun kann, um meine Ziele zu erreichen. Dazu gehören auch ein funktionierendes Zeitmanagement sowie die richtigen Methoden, sich Wissen anzueignen. Keiner von uns lernt gleich. Wie all diese Techniken und Frameworks funktionieren, werden wir in Kapitel 6 ausführlicher besprechen.

7. Ich werde dir zeigen, wie du erfolgreich Bewerbungen erstellst, und dich zu jeder Zeit im Bewerbungsprozess wohlfühlst

Wie wirst du zum Bewerbungsgespräch eingeladen? Wie kannst du deine Angst vor dem Vorstellungsgespräch überwinden? Mit welchen Antworten punktest du auf unangenehme Fragen, etwa nach Lücken in deinem Lebenslauf? Wie erklärst du, warum du gekündigt worden bist? Oder warum du in den letzten Jahren häufig den Job gewechselt hast? Wie verkaufst du die Tatsache, dass du bereits mehrere Monate nach einem neuen Job suchst und nicht sofort einen neuen gefunden hast? Und wie gehst du mit Rückschlägen wie zum Beispiel Absagen um?

Das Bewerbungsspiel ist komplex. Je nachdem, wo deine Stärken und Schwächen liegen, werden wir in Kapitel 4 ansetzen, um deinen Bewerbungsprozess erfolgreich zu strukturieren. Zusammen werden wir nicht nur an irgendeiner Bewerbung arbeiten, sondern an einer disruptiven Bewerbung, mit der du dich von allen anderen Kandidat:innen abhebst. Der Schlüssel dafür ist deine eigene Geschichte, die dich einzigartig macht. Mit der Golden-Circle-Methode und mittels Storytelling (s. Kapitel 3) werden wir dieser Geschichte auf die Spur kommen.

8. Ich werde dir helfen, das für dich passende Unternehmen zu finden

Im Bewerbungsprozess liegt der Fokus vieler Bewerber:innen oft vor allem auf der eigenen Person und weniger auf den Unternehmen, bei denen sich die Kandidat:innen bewerben. Komisch, denn würdest du gerne jemanden daten, über den du fast gar nichts weißt? Um die Risiken eines Blind Dates zu minimieren, werden wir uns in Kapitel 4 intensiv damit beschäftigen, wie du mehr über die Unternehmen herausfindest, die dich interessieren. Außerdem werden wir deine Fähigkeit verbessern, Stellenanzeigen richtig zu lesen und zu interpretieren. Ähnlich wie in Abschlusszeugnissen arbeiten Personalmitarbeiter:innen mit besonderen Codes.

9. Ich werde dich anleiten, wie du dich im (neuen) Job wohlfühlst und Spaß hast (und trotzdem professionell bleibst)

Arbeit ist ein großer und bedeutender Teil unseres Lebens. Umso wichtiger ist es, dass es uns in der Zeit gut geht, die wir mit unserer Arbeit verbringen.

Derzeit ist zu beobachten, dass Privat- und Arbeitsleben immer stärker miteinander verschmelzen. Das bringt sowohl positive als auch negative Aspekte mit sich. Damit Letztere nicht überhandnehmen, ist es auch hier notwendig, in ein Work-Life-Bewusstsein zu kommen. Klar ist Arbeit auch mal anstrengend. Das darf sie auch sein. Es gibt in jedem Job Aufgaben und Menschen, die einen nerven und die Kraft kosten. Arbeit gibt uns jedoch auch Energie. Sie hilft uns dabei, uns weiterzuentwickeln und als Menschen und Persönlichkeiten zu wachsen. Das funktioniert umso besser, je belastbarer das berufliche Netzwerk ist, dass du dir aufbaust, sowohl in dem Unternehmen, in dem du tätig bist, als auch außerhalb. In Kapitel 4 werden wir uns daher nicht nur mit den Unternehmen an sich beschäftigen, sondern auch mit den Themen Integration, Teamarbeit, Konfliktbewältigung sowie Netzwerkpflege.

10. Ich werde dir Tipps geben, wie du in Zukunft mehr Geld verdienst

Reden wir über Geld. Über erfolgreiche Gehaltsverhandlungen. Und über deine Einstellung zu Geld. Niemand von uns möchte umsonst arbeiten. Wir erwarten eine Gegenleistung. Das muss nicht immer nur Geld sein. Deine Einstellung und dein Bedarf an Geld beeinflussen, wie dein Traumjob aussieht. Wer viel Geld verdienen möchte, sollte keinen Beruf im Niedriglohnsektor anstreben. (Es ist schade, dass es diesen überhaupt gibt. Aber das ist eine andere Geschichte.) Es geht zudem darum, dass du dich in Zukunft nicht unter Wert verkaufst. In Gesprächen mit Ratsuchenden fällt mir immer wieder auf, dass Gehaltsverhandlungen unangenehm sind. In Kapitel 3 dieses Buches reden wir daher auch über mögliche Gehaltsstrategien.

Auf unserer »Mission Traumjob« werden wir also gemeinsam herausfinden, wer du wirklich bist. Wo deine Stärken und deine Schwächen liegen. Wie du vor allem deine Schwächen dennoch für dich arbeiten lassen kannst. Und mit welchen konkreten Mitteln und Techniken du erreichen kannst, wonach du strebst. Dabei ist es egal, ob du noch ganz am Anfang deiner Karriere stehst und endlich loslegen möchtest, um der Welt zu zeigen, was du draufhast, oder ob du nach Jahren im Beruf von einem Gefühl der Unzufriedenheit geplagt wirst, und der Gedanke, noch einmal etwas Neues, etwas ganz anderes anzufangen, dich einfach nicht loslässt.

Wir werden zusammen Lösungsmöglichkeiten für die verschiedensten Karrieresituationen erarbeiten – von der Jobsuche über den Bewerbungsprozess bis zur Persönlichkeitsentwicklung und einem starken Mindset, das dir hilft, schwierige Probleme besser zu meistern.

Heute ist der erste Tag vom Rest deines Lebens. Ich bin sicher, dass es sich für dich auszahlen wird, dass du diesen Tag heute mit meinem Buch verbringst.

KAPITEL 1

DIE KARRIEREGURU-STORY

Von der Hauptschule ins Silicon Valley zum erfolgreichen Content Creator

Warum ich dir meine Geschichte erzähle? Weil ich während meiner Ausbildung immer wieder mit Rückschlägen und Ratlosigkeit kämpfen musste. Weil ich mich zu Beginn meiner Karriere immer wieder in einen Trott hineingearbeitet habe, in dem ich mich nicht wohlfühlte. Weil ich keinen Plan hatte. Weil ich mich nicht genügend mit meinen Wünschen, Bedürfnissen und Erwartungen auseinandergesetzt habe. Weil ich mir zu jener Zeit eine Art Mentor:in gewünscht hätte, eine Person, mit deren Hilfe mir der ein oder andere Umweg vielleicht erspart geblieben wäre. Und weil ich weiß, dass es so vielen Menschen aus meiner Community geht.

Meine Karriere und mein Weg zu mir selbst waren nie ein Selbstläufer. Bereits im letzten Grundschuljahr verpokerte ich mich ordentlich. Eigentlich fiel mir Schule leicht. Ich holte normalerweise mit minimalem Aufwand das Maximum heraus. Nur eben nicht im letzten Jahr der Grundschule. Da stand ich plötzlich auf der Kippe.

In jener Zeit lernte ich auf schmerzhafte Weise, dass ich für das, was ich erreichen wollte, kämpfen muss. Während meine Freunde ohne Probleme entweder aufs Gymnasium oder die Realschule wechselten, verpasste ich den dafür notwendigen Schnitt um eine Note. Eine einzige Note. Das konnte nicht wahr sein! Aber ich hatte ja noch eine zweite Chance: die Nachprüfung. In dieser war ich jedoch so nervös, dass ich die erhoffte Verbesserung nicht hinbekam und durchfiel. Ich musste tatsächlich auf die Hauptschule.

Ich bin noch heute bei Vorträgen oder öffentlichen Auftritten sehr nervös. Vor Menschen zu reden, gehört jedoch zu meiner Arbeit. Ich habe mich daher mit verschiedenen Techniken (etwa dem Downside-Framework, s. Seite 107, oder dem Schwächen-sind-Stärken-Reframing, s. Seite 115) beschäftigt, um meine Nervosität in den Griff zu bekommen. Mit Erfolg. Zwar bin ich immer noch aufgeregt, bevor ich vor vielen Menschen auftrete. Aber ich bin in der Lage es durchzuziehen.

Hauptschule? Dort gehörte ich vom Gefühl her nicht hin. Meine Noten und mein Prüfungsergebnis sagten jedoch etwas anderes. Ich bin heute noch froh, dass es mir damals gelungen ist, die Situation zu akzeptieren und den Blick nach vorn zu richten. Ich ließ mich zu keinem Zeitpunkt hängen, und nach einem Jahr an der Hauptschule war klar, dass ich gut genug war, um auf die Realschule zu wechseln. Dort musste ich die fünfte Klasse zwar wiederholen. Aber von da an kam ich nie wieder in eine Situation, die meine Versetzung gefährdete.

Bereits in der Schulzeit müssen wir alle wichtigen Entscheidungen treffen. Als ich im zweiten Halbjahr der sechsten Klasse meine Wahlpflichtfächer wählen sollte, schwankte ich zwischen dem sprachlichen und dem naturwissenschaftlichen Zweig. Das Thema Betriebswirtschaft interessierte mich damals noch nicht. Zu den Sprachen fühlte ich mich unter anderem durch die Fußballweltmeisterschaft 1998 hingezogen. Ich bewunderte die französische Nationalmannschaft um Zinedine Zidane. Damals dachte ich sogar, ich werde später mal Franzose.

Dass ich mich letzten Endes doch für den naturwissenschaftlichen Zweig entschied, hing mit meinen Freunden zusammen. Sie gingen mehrheitlich in den naturwissenschaftlichen Zweig. Daher folgte ich ihnen. Statt meinem Bauchgefühl nachzugehen, hörte ich auf meinen Verstand. Es stellte sich jedoch schnell heraus, dass es die falsche Entscheidung gewesen war. Obwohl ich mich für wissenschaftliche Themen wie Astronomie begeistern konnte, tat ich mich mit Formeln und Zahlen sowie den komplexen Zusammenhängen schwer. Mir fehlte das Gefühl für Zahlen. Sie motivierten mich nicht. Ich musste mich durchbeißen, was mir zum Glück auch gelang. Meinen Realschulabschluss konnte ich mit einem Schnitt von 2,5 abschließen. So weit, so gut. Und nun?

Nach Abschluss der Schule wusste ich: Diesmal machst du nicht das, was alle anderen machen. Statt eine Ausbildung anzufangen, habe ich mich bei der Fachoberschule, der FOS, beworben, um mein Abitur zu machen. Ich wollte die Möglichkeit haben, zu studieren. Doch auf der FOS habe ich mich nicht wirklich wohlgefühlt. In dieser Zeit habe ich gemerkt, dass ich mich nur schwer in einem Umfeld bewegen kann, in dem nicht auf die individuellen Bedürfnisse einer Person eingegangen wird. Ich werde zum Beispiel schnell ungeduldig, wenn mir etwas zu langsam geht. Wenn ich etwas verstanden habe, will ich sofort weiter machen und vorankommen. An der FOS tat ich nur das Nötigste, um mein Abitur zu bekommen. Ich glaube, ich hatte die meisten Fehltage in meinen Jahrgang. Ich reizte damals aus, was möglich war. Nachdem ich das Abitur in der Tasche hatte, stand ich wieder vor der Frage: Und nun?

Ich hatte immer noch keinen wirklichen Plan, was ich später einmal werden will. Doch zwei Themen spukten in meinem Kopf herum: erstens die Wahl meines Studienfachs und zweitens mein erstes Betriebspraktikum. Ich kann mich noch genau an das Gespräch erinnern, in dem ein Freund mir die Idee für mein Studium der Betriebswirtschaft schmackhaft machte. Er erklärte mir damals, dass er BWL studiert, weil er später mal im Leben nicht abgezockt werden möchte. Dieser Satz blieb bei mir hängen. Er arbeitete so lange in mir, bis ich überzeugt war: Ich studiere auch BWL. Weil ich später im Leben nicht abgezockt werden will. Also ging ich an die FH, an die Fachhochschule.

Darüber, wann meine Idee für mein erstes Betriebspraktikum konkret wurde, bin ich mir nicht mehr ganz sicher. War es Anfang des Studiums oder bereits auf der FOS, dass die Vorstellung in mir reifte, später einmal für BMW zu arbeiten? Egal, ich war damals (und bin es noch immer) ein Autonarr. BMW war eine coole Marke. Demzufolge musste das Unternehmen auch cool sein. Also wollte ich da hin. Ich setzte alles daran, um in meinem sechsmonatigen Praxissemester bei BMW zu landen, und bewarb mich für eine Position im Marketing. Es sollte meine erste richtige Joberfahrung werden. Und die ging erst mal mit einem richtigen Schuss nach hinten los. Statt im Marketing bei BMW hatte ich mich im Marketing der BMW Bank beworben. Meinen Irrtum bemerkte ich tatsächlich erst im Bewerbungsgespräch, als ich gefragt wurde, dass ich sicherlich wisse, womit sich die BMW Bank beschäftige. Wusste ich nicht. Trotz der mir peinlichen Situation blieb ich ruhig. Ich klärte den Irrtum auf und lenkte das Gespräch auf meine Leidenschaft für Marketing und die

Marke BMW. Am Ende hatte ich wohl mehr Glück als Verstand und ich durfte mein Praxissemester tatsächlich bei der BMW Bank absolvieren. Ein Traum, der wahr wurde? Bullshit! Es kam alles anders, als ich es mir vorgestellt hatte.

Spätestens an dieser Stelle sollte dir klar sein, wie dringend auch ich damals einen Karriereguru an meiner Seite gebraucht hätte!

Das Arbeitsklima bei der BMW Bank war damals sehr förmlich. Alle im Team haben sich gesiezt. Es gab starre Hierarchien, in denen man als Praktikant:in ganz unten stand. Obwohl ich keinen Kundenkontakt hatte, musste ich jeden Tag im Anzug im Büro erscheinen. In voller Montur inklusive Krawatte. Das Büro befand sich in einem tristen Gebäude mit langen Fluren und Teppichboden. Was mir besonders zu schaffen machte, war die Tatsache, dass ich kaum etwas zu tun bekam. Mein Highlight des Tages war, dass ich mich am Nachmittag um die Post kümmern durfte. Meine Langeweile ging so weit, dass ich mich oft mit den Raucher:innen vor die Tür stellte, obwohl ich selbst gar nicht rauchte. Aber in den zehn Minuten hatte ich wenigstens Menschen um mich, mit denen ich reden und mich austauschen konnte. Mir war recht bald klar, dass ich hier keine berufliche Zukunft haben werde und mich noch einmal umorientieren muss. Ich tat nur noch das Nötigste.

Leider habe ich damals noch nicht begriffen, dass ich mich im Vorfeld überhaupt nicht richtig mit dem Unternehmen auseinandergesetzt hatte. Stattdessen hatte ich mich von meinen Wünschen und Vorstellungen leiten lassen und diese auf das Unternehmen projiziert. Mein Fehler.

Meine wichtigsten Jobstationen (1): BMW (Bank)

Was hatte ich erwartet? Einen Job in meiner Traumfirma, in dem ich kreativ herausgefordert werde, meine Leidenschaft für Autos ausleben und meine Ideen einbringen kann.

Was lief gar nicht wie geplant? Nahezu alles. Das fing bei meiner Bewerbung an, die eigentlich BMW und nicht der BMW Bank galt, und endete mit einem förmlich-hierarchischen Arbeitsklima, das ich mir so nicht vorgestellt hatte.

Was war das Wichtigste, das ich dort gelernt habe? Was hat mich weitergebracht? Die Erfahrung, dass ein derartiges Jobumfeld überhaupt nicht zu mir passt.

Ich hatte das Glück, dass ich während meiner Studienzeit nicht nur auf bezahlte Praktika oder Werkstipendien angewiesen war, um mich zu finanzieren. Ich hatte immer noch andere Nebenjobs. Seit ich 15 Jahre alt war, habe ich als Model gearbeitet. Während meines Studiums arbeitete ich zudem zwei Jahre lang als Barkeeper in einem Münchner Club. Am Modeln mochte ich, dass ich mit einem geringen Zeitaufwand gutes Geld verdienen konnte. Emotional berührte mich diese Arbeit nicht. Die Zeit hinter der Bar genoss ich deutlich mehr. In dieser Zeit habe ich sehr viel über Menschen gelernt und bin von einem notorischen Ja-Sager zu jemandem geworden, der auch mal NEIN sagen kann. Eine Eigenschaft, die mir bis heute immer wieder geholfen hat, mein eigenes Leben zu führen und nicht das der anderen.

Was mir an meinen Nebenjobs jedoch am meisten gefallen hat, war das Gefühl der Sicherheit. Ich wusste: Sollte es im Praktikum oder als Werkstudent einmal nicht so gut laufen, konnte ich das mit meinen anderen Tätigkeiten kompensieren. Auf diese Weise kam ich recht gut durch mein Studium. Eine echte Ahnung, was ich machen wollte, hatte ich allerdings immer noch nicht. Ich war kurz davor, mich für einen Master einzuschreiben, als mir ein Freund erzählte, dass er sein Praktikum bei der Münchner Agentur Serviceplan beenden und mich gern als Nachfolger vorschlagen würde. Serviceplan ist eine große und renommierte Agentur. Für die Übergangszeit, und um noch einmal woanders reinzuschnuppern, erschien mir das Angebot verlockend. Also folgte ich – leichtgläubig und naiv – meinem Impuls, und stimmte zu. Ich bekam den Praktikumsplatz, und nach zwei Wochen wurde mir sogar ein einjähriges Traineeship angeboten.

Ich halte meine Leichtgläubigkeit und meine Naivität bis heute für zwei sehr wertvolle Eigenschaften. Warum? Weil ich durch beide Eigenschaften immer wieder in herausfordernde Situationen gebracht werde, vor denen ich mich sonst vielleicht gedrückt hätte. Wie du siehst: Die eigene Perspektive, das sogenannte Framing, beeinflusst oft maßgeblich, ob eine Eigenschaft als Stärke oder Schwäche angesehen wird. Wir werden dieses Thema in Kapitel 4 noch einmal vertiefen.

Die Zeit bei Serviceplan war für mich sehr entscheidend und hat mich enorm geprägt. Nach ungefähr zwei Monaten wusste ich, was ich als Trainee zu tun hatte und was von mir erwartet wurde. Das waren im Prinzip zwei Dinge: Vor allem eine günstige Arbeitskraft zu sein und das zu tun, was man mir sagt. Genau damit hatte ich jedoch ein Problem. Mir wurde bei Serviceplan zum ersten Mal richtig bewusst, was mich zuvor schon bei der BMW Bank gestört hatte: Ich tue mich schwer damit, weisungsgebunden zu sein. Wann immer mir von meinen Vorgesetzten oder übergestellten Kolleg:innen Aufgaben zugeworfen wurden, fühlte ich mit damit unwohl. Und was noch schlimmer war: Ich machte Fehler, die ich sonst nie machen würde. Selbst bei einfachen Aufgaben kam es vor, dass ich mich verzettelte. Durch das entsprechend negative Feedback geriet ich in einen Strudel des Unwohlseins. Einerseits erfüllte ich die Aufgaben nicht gut, die mir übertragen wurden, was nicht meinem Selbstverständnis entsprach. Andererseits fühlte ich mich in meiner Kreativität gebremst.

Das Thema Business Development war eigentlich genau mein Ding. Schon als Kind hatte ich mit Freunden Straßensperren errichtet, an denen die Autofahrer:innen, die passieren wollten, Maut zahlen mussten. Oder wir verkauften Wundertüten, die wir zuvor gefüllt hatten. Sich solche Geschäfte auszudenken und umzusetzen, gefiel mir. Zum Glück gab es bei Serviceplan einen Vorgesetzten, der mein Dilemma erkannte und mich förderte. Ich fing an, mich aktiv fortzubilden. Ich wälzte vor und nach der Arbeit dicke Marketingschinken, um zu lernen. Ich entwarf eigenständig Geschäftsideen und Businesspläne. Vor und nach der Arbeit das zu tun, was mir wirklich Spaß machte, tat mir gut. Es veränderte aber auch meine Position bei Serviceplan. Ich merkte plötzlich, dass ich durch das Wissen, das ich mir angeeignet hatte, ganz anders mit meinen Kolleg:innen diskutieren und mich inhaltlich stärker einbringen konnte.

Eine meiner Ideen war damals die Digitalisierung von Fitnessgeräten. Ich schrieb im Zuge dessen sogar mit einem herstellenden Unternehmen in China hin und her. Das war 2011. 2012 wurde Peleton gegründet. Wäre ich mal drangeblieben …

Durch die Ermutigung von besagtem Vorgesetzten machte ich mich daran, auch für Serviceplan neue Produkte zu entwickeln. Eine Idee war ein sogenannter Pitch-Pool. Mit einem Pitch bewirbt sich eine Agentur auf die Ausschreibung eines Auftrags bei einem Unternehmen. Meist werden diese Pitches nicht vergütet. Die Agentur steckt also womöglich viel Arbeit in einen Pitch und bekommt dafür am Ende nichts. Mir war aufgefallen, dass die meisten Abteilungen bei Serviceplan für ihre Kund:innen bei einem Pitch immer wieder bei null anfingen. Wenn die eine Abteilung nun für BMW und die andere für Audi pitchte, mussten sich doch sicherlich Synergien ergeben, mit denen die internen Kosten für einen Pitch gesenkt werden konnten. Die Idee kam gut an, und das Tool, das daraus entstand, wird sogar noch heute bei Serviceplan verwendet. Seine Fertigstellung erlebte ich allerdings nicht mehr. Denn auch bei Serviceplan mahlten die Mühlen zu langsam für mich. Ich kündigte.

Meine wichtigsten Jobstationen (2): Serviceplan

Was hatte ich erwartet? Als ich mich für das Praktikum bewarb, dachte ich, dass Serviceplan eine gute Übergangslösung für mich wäre. Das Angebot des Traineeship schmeichelte mir. Einen Karriereplan hatte ich allerdings immer noch nicht. Meine Erwartungen waren entsprechend niedrig.

Was lief gar nicht wie geplant? Ich war damals einfach Teil eines Systems. Ich ließ mich treiben und hatte noch nicht den Horizont, mir meines eigenen Werts und meiner eigenen Ansprüche bewusst zu sein.

Was war das Wichtigste, das ich dort gelernt habe? Was hat mich weitergebracht? Bei Serviceplan lernte ich, wie wichtig Führungskräfte im Job sind. Während einer meiner Vorgesetzten mich förderte, bremste mich eine Führungskraft, die nur wenig älter als ich und sehr egoistisch handelte, ständig aus und schnürte mich ein. Zudem wurde mir bei Serviceplan vor Augen geführt, was ich nicht will: in einem langsamen Umfeld arbeiten und weisungsgebunden zu sein. Ich lernte allerdings auch, wie wichtig Selbstbewusstsein im Arbeitsleben ist. Damit meine ich kein aufgesetztes gespieltes Selbstbewusstsein, sondern ein wirklicher Glaube an die eigenen Fähigkeiten. Je selbstbewusster ich auftrat, desto positiver und interessierter reagierte mein Umfeld auf mich.

Während meiner Zeit bei Serviceplan hatte ich ein Erlebnis, das mich nicht mehr losließ. Ein Freund von mir hatte damals mit *Skoobe*, einer digitalen Bücher-Flatrate, sein eigenes Business gegründet. Als ich mich mit ihm über Businessideen und deren Umsetzung austauschte, empfahl er mir, mich doch einmal mit der lokalen Start-up-Szene zu vernetzen. Zwei Wochen später war ich auf einem Start-up-Wochenende des Strascheg Center for Entrepreneurship an der FH München. Was mich dort sofort faszinierte, war die Tatsache, dass ich zum ersten Mal Menschen traf, die nicht über ihre Vorgesetzten jammerten oder nach dem nächsten Urlaub lechzten, sondern die wie ich voller Ideen steckten. Ich traf dort auf Menschen, die wie ich, etwas bewegen und die Welt verändern wollten. An diesem Start-up-Wochenende pitchten die Anwesenden ihre Ideen und bildeten anschließend Teams, die gemeinsam Strategien und Konzepte zusammentrugen. Für mich waren diese zwei Tage ein Augenöffner, der entscheidend dazu beitrug, bei Serviceplan aufzuhören. Doch wie sollte es nun weitergehen?

Obwohl ich noch keine konkrete Ahnung bezüglich meiner beruflichen Zukunft hatte, wusste ich eines mit Sicherheit: Ich wollte selbstständig sein und mein eigenes Business gründen. Doch das war gar nicht so leicht. Zusammen mit zwei Freunden verfolgten wir die Idee, das betriebliche Gesundheitssystem zu incentivieren. Wir wollten ein digitales Tool entwickeln, das einen gesunden Lifestyle belohnt. Unser Problem: Wir hatten keine Ahnung vom Programmieren. Also versuchten wir, auf sogenannten Hackathons jemanden zu finden, der unsere Idee unterstützt und uns bei der Programmierung helfen konnte. Wir veranstalteten sogar einen eigenen Hackathon in München, den sogenannten Health Hack, um unsere Idee auf den Weg zu bringen. Die Veranstaltung war zwar an sich ein Erfolg, aber einen Programmierer für unsere App *Health Booster* fanden wir nicht. Da es mit unserer Idee nicht voranging, gingen wir drei beruflich erst einmal wieder eigene Wege. Und mein Weg führte mich tatsächlich zu meinem ersten eigenen Business: frugee. Dort sollte ich eine der wichtigsten Lektionen lernen, die ich auch heute als Karriereguru allen Ratsuchenden in Job- und Karrierefragen mit auf den Weg gebe: Ein gutes Storytelling ist der Schlüssel für deinen Erfolg.

Bei Hackathons kommen verschiedene Programmierer:innen zusammen, stellen Ideen vor und versuchen an einem Wochenende innerhalb von 24 Stunden erste Prototypen zu programmieren.

Die Idee zu frugee entstand auf dem Münchner Viktualienmarkt. Dort hatte ich mich mit einem Freund zum Mittagessen getroffen, der Juniorgeschäftsführer eines Obst- und Gemüsegroßhändlers war. Es war ein alter Familienbetrieb, der seit Jahrzehnten in München tätig war. Mein Freund erzählte mir, dass sie einen Kunden hätten, der Woche für Woche mehr Ware bei ihnen bestellen würde. Sein Business: Er stellte Körbe für Büros und Unternehmen zusammen und verkaufte diese. Diese Geschichte ließ mich hellhörig werden und ich sagte mir: Das schaue ich mir mal an.

Ich sah durch meine Marketingbrille sofort, dass der von meinem Freund angesprochene Markt bisher noch vollkommen altmodisch aufgezogen war. Bedient wurde er meist von älteren Großhändlern, deren Internetauftritte katastrophal und überhaupt nicht zeitgemäß waren. Das konnte ich besser. Dachte ich. Also habe ich mich an ein Konzept gesetzt, dieses meinem Freund und seinem Vater vorgelegt, und gemeinsam beschlossen wir, frugee zu gründen. Hatte ich nun also meinen Traumjob endlich gefunden? Ich war schließlich endlich mein eigener Herr. Ich durfte das Tempo bestimmen und mich kreativ ausleben. Mehr hatte ich doch eigentlich nicht gewollt, oder?

Spoiler: Einige Dinge liefen auch bei frugee nicht wie geplant. Beziehungsweise hatte ich selbst noch eine Menge zu lernen. Zum Beispiel wie man ein eigenes Business richtig auf die Beine stellt. Ich hatte eigentlich erwartet, frugee zusammen mit meinem Freund aufzuziehen. Doch es wurde schnell klar, dass ich mich nicht nur um Akquise und Marketing kümmern musste, sondern auch um den ganzen Rest. Als Juniorgeschäftsführer hatte mein Freund eigentlich keine freien Kapazitäten mehr. Dass ich auf die Ressourcen des Großhandels, wie etwa die Buchhaltung, zugreifen konnte, erleichterte mir die Arbeit wiederum.

Ich legte voller Tatendrang los. Ich war der festen Überzeugung, dass frugee nichts anderes als ein Erfolg werden konnte. Ich meine, unsere Kund:innen, also die Arbeitgeber:innen, konnten die Kosten, die ihnen für unsere Obst- und Gemüsekörbe entstanden, als betriebliche Gesundheitsmaßnahme für die Mitarbeiter:innen absetzen. Ich stand jeden Tag um fünf Uhr in der Früh auf und arbeitete oft bis spät in die Nacht. Um Fuß zu fassen, war mein Plan, mich bei allen Firmen, bei denen ich bisher gearbeitet hatte, zu melden, und Freund:innen zu bitten, mir einen Kontakt zu ihrem Office Management herzustellen, damit ich dort die frugee-Idee präsentieren konnte.

Die Reaktionen, die ich in meinen ersten frugee-Wochen erleben musste, waren jedoch ernüchternd, niederschmetternd und deprimierend. Ich wurde von Freund:innen belächelt. Manche schämten sich sogar, dass ich jetzt Obstverkäufer war. Es war ein harter Schlag zu merken, dass sich erstmal kein Schwein für mich interessiert, und dass Freund:innen nicht einmal bereit waren, mich zu vernetzen, selbst wenn sie an meine Idee glaubten. Ganze sechs Monate sollten vergehen und ich hatte noch immer keine relevante Kundenzahl von frugee überzeugen können. Statt nur auf Anrufe und Mails zu setzen, fuhr ich mittlerweile mit meinen Obstkörben sogar einfach so zu Unternehmen. Das war mir unangenehm und es kostete mich jedes Mal Überwindung. Erfolgreich war ich mit der persönlichen Vor-Ort-Akquise zudem auch nicht. Ich war kurz davor hinzuschmeißen. Ich war von morgens bis abends auf den Beinen – für nichts.

In meiner Verzweiflung setzte ich eines Morgens auf eine ungewöhnliche Aktion: Ich fuhr um vier Uhr in der Frühe in die Großmarkthalle, stellte meine Körbe zusammen, fuhr weiter zu Radio Gong und klingelte an der Tür. Die Redakteur:innen und Morning Man Mike Thiel, der an dem Tag auch noch ein bisschen erkältet war, freuten sich so sehr über den vitaminreichen Start in den Tag, den ich ihnen bieten konnte, dass Thiel frugee anschließend gleich dreimal in seiner Show erwähnte. Einfach so. In dieser Woche meldeten sich 15 Kund:innen bei frugee. Und als Radio Gong eine Woche später anrief und fragte, ob ich ihnen nicht wieder eine Lieferung zusammenstellen könnte, da sie einen Sänger zu Gast hätten, der Obst wolle, machte ich das natürlich gern. Es sollte noch besser kommen, denn als der angekündigte Sänger im Münchner Dauerstau stecken blieb und als Interviewpartner ausfiel, kam die Redaktion auf die Idee, dass ich doch stattdessen die frugee-Idee in einem Interview vorstellen könnte, um den sonst leeren Zeitslot zu füllen.

An diesem Tag wurde mir bewusst, dass frugee mehr ist als Obst. frugee-Obst war cool. Wir lieferten unser Obst den Stars. Fortan inszenierte ich genau diese Geschichte auf unseren Social-Media-Kanälen. Und endlich begann frugee zu wachsen. Der nächste Erkenntnisschub stellte sich nach weiteren sechs Monaten ein. Das Geschäft lief mittlerweile gut. Mir war jedoch aufgefallen, dass 100 Prozent der Personen, die bei uns bestellten, Frauen waren. Wenn ich die Körbe, die ich immer noch selbst ausfuhr, in den Büros vorbeibrachte, nahm ich mir immer auch ein wenig Zeit, um mit den Office Managerinnen zu reden. Ich merkte, dass sie sich freuten, mich zu sehen. Von da an war mir klar: Im Gegensatz zur Konkurrenz, die das Thema Auslieferung eher burschikos und effizient anpackte, musste die Auslieferung von frugee sexy und sympathisch sein. Ich suchte die Fahrer, die wir mittlerweile benötigten, entsprechend aus. Von da an war frugee nicht mehr zu stoppen.

Wir schickten unsere Fahrer mit kostenlosen Probekörben in die Münchner Gewerbegebiete, die sie nach einer Woche wieder abholen würden. In jedem Korb lag ein Flyer mit unseren Angeboten. 85 Prozent der Kund:innen, bei denen wir einen Korb ließen, bestellten fortan bei uns. frugee war endlich eine Erfolgsgeschichte. Heute ist das Unternehmen in fünf Städten in Deutschland aktiv. Das macht mich stolz. Nur warum bin ich nicht bei frugee geblieben?

Nach zwei Jahren Arbeit hatte ich das Business weitestgehend automatisiert. Es gab mittlerweile bei frugee zehn geringfügig beschäftigte Angestellte sowie einen Festangestellten und Spediteure, die für uns gefahren sind. Das ganze Unternehmen lief quasi von allein, sodass ich mir endlich wieder Freiraum geschaffen hatte, um nach neuen Karrierechancen und -möglichkeiten zu schauen. Vor allem die Digitalbranche reizte mich nach wie vor. Die Möglichkeit durchzuatmen, ließ mich auch darüber nachdenken, was ich alles in frugee investiert hatte. Mein Privatleben hatte enorm unter dem Stress im Job gelitten. Die Folge war die schmerzhafte Trennung einer langjährigen Beziehung. Hinzu kam ein Vorfall in der Familie, der mich ebenfalls viel Energie kostete. So kam eines zum anderen und ich merkte, dass es mir an Kraft und an einer weiteren Vision bei frugee fehlte. Ich hatte nach zwei Jahren keine Energie mehr, mich jeden Tag in der Früh aufzuraffen. Statt Freude spürte ich Bauchschmerzen nach dem Aufwachen. Und Bauchschmerzen sind für mich immer eines der wichtigsten Alarmsignale. So lehrreich und cool die Zeit bei frugee auch war: Ich musste etwas anderes machen.

Nachdem mein Entschluss feststand, bei frugee aufzuhören, beschlossen mein Mitgründer und ich, Kaufangebote für das Unternehmen einzuholen. Tatsächlich konnten wir das Interesse bei unserer Konkurrenz wecken und erhielten ein Übernahmeangebot. Allerdings entschloss sich mein Mitgründer kurzerhand, frugee doch lieber allein weiterzuführen. Normalerweise hätte das zur Folge gehabt, dass er mir meine Anteile des Unternehmens zum Marktwert hätte abkaufen müssen. Doch ich ging leer aus, denn leider stand das Vertragswerk, das von den Anwälten der Firma des Vaters meines Mitgründers erstellt worden war, nicht auf meiner Seite. Eine niederschmetternde Erfahrung, denn zu diesem Zeitpunkt stand ich beinahe mit leeren Händen da. Im ersten frugee-Jahr hatten wir uns nämlich gar kein Gehalt und im zweiten nur minimal etwas ausgezahlt. Ich hatte für die Gründung sowie die zwei Jahre operativer Arbeit daher nahezu meine kompletten Ersparnisse aufgebraucht. Dass mein Mitgründer mich derart im Regen stehen ließ, war extrem frustrierend und hat unsere einstige Freundschaft in die Brüche gehen lassen. Dennoch habe ich frugee und das unrühmliche Ende schnell unter dem Posten »Erfahrung und Erkenntnis« verbucht. Das fiel mir umso leichter, als sich tatsächlich eine nächste Karriereoption auftat, und zwar sogar in der Digitalbranche, die mich so sehr lockte.

Meine wichtigsten Jobstationen (3): frugee

Was hatte ich erwartet? Dass ich mich endlich selbst mit meinem eigenen Business verwirklichen kann und mein eigener Herr bin.

Was lief gar nicht wie geplant? Die Kundenakquise und die Aufteilung der Arbeit unter meinem Mitgeschäftsinhaber. Psychisch und körperlich war die Zeit bei frugee die intensivste Zeit, die ich bisher erlebt habe.

Was war das Wichtigste, das ich dort gelernt habe? Was hat mich weitergebracht? Bei frugee habe ich gelernt, nicht aufzugeben und mich nicht von negativen Stimmungen leiten zu lassen, sondern in einer sachlichen Analyse zu bleiben. Ich habe außerdem gelernt, dass eine gute Idee kein Selbstläufer ist, sondern dass es bei einer erfolgreichen Geschäftsentwicklung darauf ankommt, seine Idee oder sein Produkt immer wieder zu hinterfragen und zu verbessern. Außerdem habe ich gelernt, wie wichtig es ist, mit seinem Produkt eine überzeugende Story zu erzählen und das Produkt in jedem Detail stimmig zu inszenieren. Eine der interessantesten Lektionen war jedoch, wer meine wirklichen Freund:innen sind, die auch in schlechten Zeiten für mich da sind.

Die Gelegenheit, etwas Neues anzufangen, ergab sich mit meinen beiden Freunden Christian und Marc, mit denen ich bereits die Hackathons organisiert hatte, sowie einem weiteren Mitstreiter, Michael. Ich hatte die Idee, einen weiteren Hackathon, zeitgleich zum Münchner Oktoberfest zu veranstalten: das Oktoberhackfest. Gemeinsam machten wir uns daran, das Event zu organisieren. Das Lockmittel Bierzelt zog offensichtlich auch bei Programmierer:innen. 250 Teilnehmer:innen wollten bei unserem Hackathon dabei sein. Im Zuge der Organisation des Events entwickelte sich bei uns der Gedanke, ob es nicht möglich wäre, Hackathons zu institutionalisieren, um Firmen die

Möglichkeit zu geben, Programmierprojekte schnell und unkompliziert über eine digitale Plattform zu vergeben. Die Idee zu Hackerbay war geboren. Und es kam noch besser: Wir konnten tatsächlich den renommierten Risikokapitalgeber NFX aus Palo Alto im Silicon Valley von unserer Idee überzeugen. Die einzige Bedingung: Wir mussten in die USA kommen und das Business von dort aus aufbauen.

Während Christian, Mark und Michael für ein halbes Jahr komplett in die USA übersiedelten, pendelte ich in der Zeit gefühlt im Zwei-Wochen-Takt zwischen Deutschland und San Francisco, um frugee abzuwickeln. Obwohl San Francisco cool war, fühlte ich mich dort nie wirklich zu Hause. Auch der Job fühlte sich ganz anders an als gedacht. Bei frugee war ich die ganze Zeit im Operating tätig. Ich war unterwegs gewesen, konnte mitanpacken. Jetzt saßen wir allein oder mit potenziellen Kund:innen stundenlang in Büros, präsentierten und promoteten unsere Businessidee und arbeiten daran, die nächste *Billion Dollar Company* zu werden. Trotz des positiven Feedbacks und der Unterstützung fühlte sich das, was ich tat, seltsam abstrakt an. Mir fehlte eine wirkliche Beziehung zum Tech-Thema. Da ich in dem gesamten technischen Bereich noch immer nicht so fit war wie meine drei Mitgründer, kümmerte ich mich um das strategische Marketing und die Kundenakquise. Dort war ich inhaltlich zwar mehr zu Hause, aber dennoch hatte ich immer den Eindruck, dass ich – spätestens, wenn es tiefer in die Projekte ging – nicht wirklich viel zum Erfolg meiner eigenen Firma beitragen konnte. Dieses Gefühl ließ mich nicht los, selbst dann nicht, als wir nach Berlin zurückgingen und dort ein Team von rund zehn Leuten aufbauten.

So einleuchtend unsere Hackerbay-Idee auch war, der Wettbewerb gegen etablierte Softwareentwickler:innen blieb hart. In dieser Zeit lernten wir, wie wichtig es ist, für ein Unternehmen einen sauberen Cashflow zu organisieren. Teils lernten wir das jedoch auf die ganz harte Tour. Es gab Monate, da standen wir mit sechsstelligen Beträgen richtig in den Miesen, unter anderem auch, weil wir Projektzeiten mitunter nicht richtig kalkuliert hatten. Wenn wir in Kundenmeetings steckten, konnten wir zwar Wissen einsammeln und Strategien entwickeln. Am Ende des Tages mussten die Projekte jedoch auch umgesetzt werden. Dass Hackerbay für uns kein finanzieller Reinfall wurde, verdankten wir einer schnellen Lernkurve und einmal mehr der Story, die wir um das Unternehmen strickten. Wir waren die verrückten jungen wilden Deutschen aus dem Silicon Valley, die für die größten Firmen der Welt Software bauen. Wir verschafften den Unternehmen Zugang zu Programmierer:innen – echte Hacker:innen –, die sonst niemals für solche Unternehmen arbeiten würden. Das reizte unsere Kund:innen. In Berlin war unser Team auf mittlerweile 50 Mitarbeiter:innen gewachsen. Wir hatten ein Netzwerk von über 200 Hacker:innen weltweit aufgebaut und unterhielten neben Berlin Standorte in Palo Alto und in Singapur.

Der sich einstellende Erfolg hatte jedoch seinen Preis. Hackerbay wurde zwar zu einem funktionierenden Service Business, aber unsere ursprüngliche Idee, eine digitale Plattform zu entwickeln, die aus sich selbst heraus funktioniert und Geld abwirft, blieb auf der Strecke. Nach gut zweieinhalb intensiven Jahren mit vielen Aufs und Abs standen wir vor einer schwierigen Entscheidung: Sollten wir das Service Business noch weiter ausbauen, um mit Unternehmen wie SAP zu konkurrieren? Oder sollten wir bei Hackerbay stattdessen auf unsere ursprüngliche Idee setzen? Beide Wege gleichzeitig konnten wir nicht einschlagen. Dafür fehlten uns die Kraft und die Zeit. Es fiel uns jedoch schwer, uns auf einen gemeinsamen Zukunftsweg zu einigen.

Persönlich merkte ich zu diesem Zeitpunkt, dass ich mich immer stärker wie ein Fremdkörper bei Hackerbay fühlte. Ich musste mich zwingen, am Morgen überhaupt aufzustehen, und mich immer wieder motivieren, zur Arbeit zu gehen. Obwohl Hackerbay meine eigene Firma war, wusste ich gar nicht mehr so richtig, woran ich eigentlich arbeitete. Mir fiel auch das Leben aus dem Koffer in Berlin zunehmend schwerer. Mittlerweile hatte sich unser Business zwar stabilisiert, aber da wir nie wirklich sicher waren, wie es mit Hackerbay weiter gehen würde, hatte ich mich in Berlin nicht wirklich eingerichtet, sondern auf das Notwendigste beschränkt. Ich wollte auch nicht länger eine Fernbeziehung mit meiner Freundin führen. Im Juni 2019 fuhr ich schließlich in den Urlaub und merkte dort, wie sehr Hackerbay zu einem Ballast für mich geworden war. Obwohl es mir schwerfiel, fasste ich den Entschluss, nicht mehr weiterzumachen.

Als ich meinen Mitgründern davon erzählte, waren sie erst einmal vor den Kopf gestoßen. Ich fühlte mich ihnen gegenüber auch nicht wohl, weil ich natürlich nicht ihren Traum von einem eigenen erfolgreichen Business kaputtmachen wollte. Ich wollte das Unternehmen nicht kaputtmachen, sondern lediglich einen sauberen Exit für mich organisieren. Allerdings änderte sich die anfangs entsetzte und wütende Stimmung in den kommenden Tagen, in denen wir viele Gespräche führten. Es stellte sich heraus, dass ich auch bei den anderen einen Nerv getroffen hatte. Das anfängliche Unverständnis wich immer mehr einer Erleichterung und wir fassten den Entschluss, die Hackerbay-Reise gemeinsam zu beenden. Innerhalb einer Woche klärten wir alle notwendigen Details mit unserem Vermieter und dem Steuerberater und jeder von uns ging mit einem ordentlichen Gewinn in der Tasche seiner eigenen Wege. Während die anderen in Berlin blieben, zog es mich zurück nach München.

Meine wichtigsten Jobstationen (4): Hackerbay

Was hatte ich erwartet? Unfassbar schnell unfassbar reich zu werden. Wirklich, das habe ich geglaubt. Die Goldgräberstimmung der Digitalisierung hatte mich voll gepackt.

Was lief gar nicht wie geplant? Mir fehlte der thematische Bezug zu den Tech- und Programmierthemen enorm. Dass ich an vielen Stellen inhaltlich nicht tiefer in die Projekte oder in die Entwicklung unserer Hackerbay-Plattform einsteigen konnte, frustrierte mich. Mir fehlte jedoch auch das Interesse, mich hier tiefer reinzuarbeiten. Ich wollte aber bei Hackerbay nicht nur dabei sein, sondern mitanpacken können.

Was war das Wichtigste, das ich dort gelernt habe? Was hat mich weitergebracht? Dass ich in meinem Job ein Thema brauche, für das ich mich ehrlich interessiere. Dass mir ein Leben aus dem Koffer nicht zusagt. Dass Glück und Zufriedenheit sich nicht auf Knopfdruck einstellen. Ich meine, wir waren ein vom Silicon Valley und später auch vom Deutschen Wirtschaftsministerium unterstütztes Start-up. Normalerweise hätten wir monatelang vor Freude an die Decke springen müssen. Aber so war es nicht. Vor allem nicht für mich.

Jeder von uns hatte mit Hackerbay genug Geld verdient, sodass wir uns erstmal keine Sorgen machen mussten, unmittelbar wieder einen Job zu finden. Allerdings war und bin ich nicht der Typ, der lange zu Hause ohne Beschäftigung stillsitzen kann. Meine entspannte finanzielle Lage führte dazu, dass ich endlich die Zeit hatte, meine bisherige Karriere gründlich zu reflektieren und mir die Frage zu stellen:

Was sollte ich nun anstellen?

Auf der Suche nach einer Antwort auf diese Frage wurde mir einmal mehr klar, was ich alles nicht wollte. Ich wollte noch immer nicht weisungsgebunden sein. Mir war auch einmal mehr klar geworden, dass ich lieber allein als im Team arbeite. Und ich wollte nicht mehr der nächsten utopischen Hyper-Tech-Idee nachjagen, sondern einen Sinn in dem sehen, was ich mache.

Während meiner Zeit bei Hackerbay war mir noch etwas anderes aufgefallen. Bei zahlreichen Kund:innen hatte ich immer wieder mit Menschen zu tun gehabt, die wirkten, als hätten sie mit ihrem Leben abgeschlossen. Da war kein Drive mehr zu spüren, keine Lust am Leben und schon gar nicht am Job. Niemand wollte Verantwortung übernehmen. Die Leute blieben stattdessen lieber vage und im Ungefähren. Ich konnte diese Haltung nicht nachvollziehen. Wenn in meinem Leben etwas nicht gut lief, dann habe ich stets versucht, das zu ändern. Ich bin aus zwei Unternehmen ausgestiegen, obwohl sie gut liefen, einfach, weil sie mir nicht mehr gutgetan haben. Als die negativen Gefühle überwogen, habe ich klipp und klar gesagt: Nein, ich möchte das nicht mehr. Warum waren andere Menschen, die sich in ihren Jobs ganz offensichtlich unwohl fühlten, die keinen Spaß an ihrer Arbeit hatten, dazu nicht in der Lage? Was hinderte sie daran, woanders hinzugehen, an einen Ort, an dem sie sich wohlfühlten?

Als ich mir all diese Fragen stellte, war es nur noch ein kleiner Schritt zum Karriereguru. Mein Hang zur Analytik und zur Systematik führten mich zu der Frage, wie ich diese Menschen unterstützen könnte, für sich selbst einzustehen und ihr negatives Arbeitsumfeld hinter sich zu lassen. Ich beschäftigte mich intensiv mit Karrierethemen, mit Studien und Theorien der Persönlichkeitsentwicklung sowie mit dem emotionalen und strategischen Mindset des Erfolgs. Dabei wurde mir bewusst, dass die neuen und spannenden Vordenker:innen in diesem Bereich in ihren Frameworks die Themen Strategie und Sales eng mit Emotionen verbinden. Etwa mit Glück, mit Mitgefühl oder mit Höflichkeit. In diesem strategisch-emotionalen Mindset fand ich mich selbst und meine Einstellung gegenüber dem Arbeitsleben gespiegelt. Und ich merkte, was ich auf all meinen Jobstationen zuvor nicht bedacht hatte: Ich hatte das Thema

Glück und Zufriedenheit zwar stets in mir getragen und immer rechtzeitig die Reißleine gezogen, wenn ich im Job unglücklich geworden war. Ich hatte jedoch immer dann, wenn ich mich für eine bestimmte Joboption entscheiden musste, das Thema Glück *nicht* zum Fundament meiner Entscheidungen gemacht. Ich hatte mich schlichtweg selbst vergessen.

Als mir das klar geworden war, wusste ich plötzlich, was ich in Zukunft machen wollte. Ich wollte die Person sein, die ich nie an meiner Seite hatte. Ein Karriereguru, der Menschen mit Rat und konkreten Lösungen auf ihrem Lebensweg unterstützt. Meine Mission würde es sein, Leute aus ihrem beruflichen Trott rauszuziehen und ihnen zu helfen, einen Zugang zu dem zu finden, was sie wirklich glücklich macht. Ich wollte Berufsanfänger:innen zur Seite stehen, damit sie nach einem erfolgreichen Bewerbungsprozess nicht einfach irgendeinen Job, sondern *den* Job, *ihren* Traumjob bekommen haben. Und der einfachste Weg, mein Vorhaben umzusetzen, war vor der Kamera über Social Media. Zu diesem Zeitpunkt war ich sehr dankbar für die zeitliche und finanzielle Unabhängigkeit, die ich mir gemeinsam mit den anderen mit Hackerbay erarbeitet hatte. Ich konnte ohne Not meine ganze Kreativität und meinen Fokus auf mein Herzensprojekt lenken. Im Januar 2020 lud ich schließlich mein erstes Video bei YouTube hoch. Das war die Geburtsstunde von Karriereguru.

Obwohl es auch in meinem Job als Karriereguru Dinge gibt, die mich anstrengen, ist das vorherrschende Gefühl, das ich habe, einfach nur Zufriedenheit und Erfüllung. Mein jetziger Joballtag ist nicht mit meinen vorangegangenen Jobstationen zu vergleichen. Ging ich früher in meiner Tech-Phase in einen Sales-Termin, musste ich diesen lange und hart vorbereiten und alles auswendig lernen, um meine Themen flüssig vortragen zu können. Ich musste mich an den auswendig gelernten Inhalten festhalten können, um nicht auf die Nase zu fallen. Wenn jedoch nach meinen Ausführungen jemand aus der Runde mir eine Frage stellte, die über meine vorbereiteten Inhalte hinausging, war ich verloren. Bei Karriereguru ist das vollkommen anders. Hier will ich gar nichts vorbereiten. Das würde mich nur in meiner Kreativität limitieren. Ich fühle mich in dem Thema zu Hause. Und obwohl oder vielleicht gerade weil ich es nicht studiert habe, scheine ich mit der Art und Weise, wie ich an das Thema Karriere herangehe, bei mittlerweile hunderttausenden Follower:innen in den verschiedenen sozialen Netzwerken einen Nerv zu treffen. So kommt beim Karriereguru eins zum anderen, und ich bin für den Zuspruch und die

Erfolge, die Jobsuchende und Jobwechselnde dank meiner Tipps haben, unendlich dankbar. Was ich mache, fühlt sich für mich einfach richtig an. Warum ist das so? Weil ich in den Spiegel geschaut und endlich eine Antwort auf die Frage gefunden habe, was ich für den Rest meines Lebens an jedem einzelnen Tag gerne tun würde.

Und nun zeige ich dir, mit welchen Methoden auch du die Antwort auf diese Frage findest.

Lass uns deine Mission Traumjob starten.

KAPITEL 2

SICH SELBST DIE RICHTIGEN FRAGEN STELLEN

Was wir in Schule und Uni nicht lernen

Eine der Fragen, die mir als Karriereguru am häufigsten gestellt wird, lautet: »Tobi, was soll ich bloß werden? Ich weiß es einfach nicht!«

Warum fällt es vielen jungen Menschen schwer, sich zu entscheiden, welcher Arbeit oder Tätigkeit sie in ihrem Leben nachgehen wollen? Ist die zu große Auswahl schuld? Die Du-kannst-alles-werden-was-du-willst-Mentalität? Jeder mit einem Netflix-Abo kennt vielleicht dieses Phänomen. Statt eine Serie oder einen Film zu schauen, arbeitest du dich erstmal eine halbe Stunde lang durch Trailer und Vorschläge, unfähig eine Entscheidung zu treffen. Es gibt so viele Möglichkeiten … Und du willst ja auf jeden Fall die richtige Entscheidung treffen. Mitunter kann das Überangebot sogar dazu führen, dass man die Suche nach einer Weile entnervt abbricht und gar nichts schaut. Was ist da schiefgelaufen?

Du hattest keinen Plan. Kein Ziel. Keinen Fokus.

HAST DU EINEN KARRIEREPLAN?

Warum so viele Menschen nicht wissen, welchen Beruf sie nach der Ausbildung ergreifen sollen. Oder im falschen Job landen.

Mit dem richtigen Job ist es wie mit dem Einkauf im Supermarkt: Um zu vermeiden, dass du dich in dem riesigen Angebot verirrst oder das für dich falsche Nahrungsmittel in deinen Einkaufswagen legst, solltest du erstens nicht hungrig in den Supermarkt laufen und zweitens einen Einkaufszettel (deinen Plan) schreiben. Mit dem Zettel, auf dem alles notiert ist, was du kaufen möchtest (deine Ziele), bewegst du dich dann auch ganz anders durch den Supermarkt. Statt die Regale auf- und abzulaufen und zu schauen, was es dort alles gibt, suchst du gezielt nach den Dingen, die du brauchst (dein Fokus).

> Das gleiche Prinzip – Plan, Ziel, Fokus – funktioniert übrigens auch bei Netflix. Wenn du in Zukunft nicht mehr in die Netflix-Falle tappen willst, solltest du dir – bevor du die App aufmachst – im Klaren darüber sein, was du schauen willst. Um das in Erfahrung zu bringen, kannst du dir zum Beispiel Film- und Serienrezensionen durchlesen. Oder Freund:innen nach einer Empfehlung fragen. Erst, wenn du eine Entscheidung getroffen hast, machst du dein Tablet oder deinen Fernseher an.

Wenn Menschen nicht wissen, was sie werden sollen, liegt es meist daran, dass sie (noch) keinen Karriereplan entwickelt haben. Das ist kein Vorwurf. Woher soll der Karriereplan auch kommen, wenn unsere Gesellschaft noch immer aus der in meinen Augen falschen Perspektive auf die Themen Arbeit und Karriere schaut? In der Schule lernen wir alles Mögliche. Was wir allerdings nicht lernen, ist es, uns die richtigen Fragen zu stellen. Fragen, die uns helfen, uns und unseren Lebensweg zu ordnen.

Stattdessen werden wir mit den falschen Fragen konfrontiert. »Was willst du später einmal werden?« ist zum Beispiel so eine. Warum ich diese Frage nicht sehr schätze? Weil sie Kinder und Jugendliche zwingt, den dritten Schritt vor dem ersten und zweiten zu gehen. Bevor jemand sagen kann, was er einmal werden will, sollte er sich mit sich selbst, mit seinen Fähigkeiten und seinem Potenzial beschäftigen. Oder um in der Supermarkt-Analogie zu bleiben: Wenn du eine Pizza backen willst, sollte auf deinem Einkaufszettel nicht das Mehl für den Teig fehlen. Um ein bestimmtes Ziel zu erreichen, müssen in deinem Einkaufswagen am Ende des Tages alle dafür notwendigen Zutaten liegen. Fehlt eine, wirst du nicht an dein Ziel gelangen.

Im Folgenden werde ich dir nicht nur alle Bausteine vorstellen, die du für dein Karrierefundament benötigst, sondern wir werden gemeinsam den Bauplan Schritt für Schritt durchgehen, sodass du sofort loslegen kannst, fokussiert an deinen persönlichen Zielen und an deiner »Mission: Traumjob« zu arbeiten.

Nur wenn du weißt, wer du bist und was du willst, kannst du den richtigen Job für dich auswählen und deine Bewerbung richtig formulieren.

WER BIST DU?

Lerne dich selbst und deine Werte kennen, denn nur, wenn du weißt, wer du bist, weißt du auch, was du willst – und kannst deinen persönlichen Traumjob finden.

Die Basis deines Karrierefundaments ist tatsächlich die Selbstreflexion. Ich weiß, dass diese Fähigkeit nicht bei jedem Menschen gleichermaßen stark entwickelt ist. Erfahrung spielt hier zum Beispiel eine große Rolle. Doch auch unabhängig von deiner persönlichen Lebenserfahrung, gibt es für dich Möglichkeiten, dir deiner selbst bewusst zu werden, und zwar, indem du anfängst, dir die richtigen Fragen zu stellen.

Eine dieser Fragen lautet: Gab es ein prägendes Ereignis, einen Moment, in dem du den dringenden Wunsch oder das starke Gefühl hattest, dein Leben verändern zu wollen? Genau diese Gegenfrage stelle ich

Lerne, dir die richtigen Fragen zu stellen.

immer, wenn mich jemand um Rat fragt, welchen Beruf er ergreifen soll. Dieses Ereignis oder dieser Moment kann wirklich alles Mögliche sein. Bei dem einen ist es eine schwierige Kindheit. Bei der anderen eine nicht bestandene Prüfung. Beim nächsten ist es eine beendete Beziehung. Bei der anderen ein Umzug in eine andere Stadt mit einem vollkommen neuen Umfeld. Und beim nächsten eine Reise. Wir alle haben einen solchen prägenden Moment im Leben, vielleicht sogar mehrere. Wir machen sie uns jedoch viel zu selten bewusst. Du erkennst diese wichtigen Momente oft daran, dass du in der Zeit tatsächlich etwas anders als zuvor gemacht hast. Das kann zum Beispiel ein neues Hobby sein. Die Ausrichtung deiner schulischen Fächer. Ein Thema, für das du dich plötzlich brennend interessierst und über das du alles wissen möchtest. Im Vorfeld dieses Moments sind oft auch Bauchschmerzen oder ein generelles Unwohlsein ein wichtiger Hinweis.

So, wie ich es zum Beispiel in meiner Zeit bei Hackerbay gespürt habe, als ich mich mit dem ganzen digitalen Thema immer so schwertat. Wenn ich Interviews geben oder Vorträge halten musste, musste ich immer unheimlich viel Zeit in die Vorbereitung investieren. Es fiel mir nicht leicht. Wenn ich mich in ein Thema einlesen wollte, musste ich die Seite zehnmal lesen. Und obwohl ich so viel Zeit in die Vorbereitung steckte, kam das, was ich mir erarbeitet hatte, trotzdem nicht natürlich rüber. Für mich war das ein Indiz: Irgendetwas stimmt hier nicht. Vertraue diesem Gefühl. Es ist der Ausgangspunkt für deinen Karriereplan und um dich selbst richtig kennenzulernen.

Achte auf dein Bauchgefühl!

Wenn du heute entscheiden müsstest, was du fortan für den Rest deines Lebens gern tun würdest, was wäre das? Was treibt dich an? Jeder von uns trifft am Tag 20 000 Entscheidungen. Ununterbrochen fragen wir uns selbst: Was ziehe ich an? Wie lange putze ich mir die Zähne? Was esse ich zum Frühstück, zum Mittag und zum Abend? Fahre ich mit dem Fahrrad oder mit dem Auto zur Arbeit? Sage ich im Meeting meine Meinung oder behalte ich sie lieber für mich? Mit wem verbringe ich meine Zeit nach der Arbeit? Schaue ich am Abend einen Film oder eine Serie? Oder lese ich ein Buch? Oder gehe ich ins Theater? Die meisten dieser Entscheidungen triffst du unbewusst. Du triffst sie jedoch nicht ohne Grund. Es gibt immer ein Warum. Und dieses Warum erwächst aus deinen Werten, die deine Überzeugungen und deine Persönlichkeit formen.

Welche Werte dir persönlich wichtig sind, wird von zahlreichen Faktoren beeinflusst. Deine Erziehung spielt eine große Rolle, ebenso das Umfeld, in dem du aufwächst. Die Gesellschaft und die Medien, die du konsumierst, prägen deine Sicht auf die Dinge und damit deine Wertvorstellungen. Wie du dich dabei als Menschen entwickelst, hängt natürlich auch von deinen Veranlagungen ab.

Werte sind Entscheidungshilfen.

Unsere Werte entwickeln sich nicht nach dem Prinzip von Ursache und Wirkung. Nicht jeder Mensch, der auf dem Land aufwächst, wird automatisch Naturliebhaber:in. Und nicht jede Person, die in der Stadt groß wird, kann nicht vielleicht auch auf dem Land glücklicher werden. Wer in einer Ärztefamilie groß wird, muss sich noch lange nicht zu diesem Thema hingezogen führen. Es gibt für die Entstehung von Werten keine Automatismen. Umso wichtiger ist es, dir bewusst zu machen, welche Werte dir besonders wichtig sind.

Typische Werte, die wir in uns tragen, sind zum Beispiel Unabhängigkeit, Treue, Sorgfalt, Optimismus, Vorsicht, Eigenständigkeit oder Bescheidenheit. Wenn du über diese Werte nachdenkst, stellst du vielleicht fest, dass sie ganz unterschiedlich ausgeprägt sein können. Nehmen wir zum Beispiel die Sorgfalt. Solltest du zur Gruppe der Perfektionist:innen gehören, gibst du dich ungern mit weniger als 100 Prozent zufrieden. Ist das nun gut oder schlecht? Weder noch! Es ist wichtig, zu begreifen, dass in Werten keine Bewertung und kein Urteil steckt.

Perfektionist:innen hören nie auf, auf ein besseres Ergebnis hinzuarbeiten. Das klingt erst einmal gut. Sobald jedoch die Deadline eines Projekts näher rückt, kann der Perfektionismus einer Person auch zum Verhängnis werden. Sie tut sich nämlich schwer damit, loszulassen und pragmatische Entscheidungen zu treffen, die zu einer schnellen Lösung führen. Doch genau das wäre in diesem Moment wahrscheinlich hilfreich.

In Werten steckt keine Bewertung.

Solltest du das Gefühl haben, einmal derart in einem Projekt oder in deinem Leben festzustecken, empfehle ich dir, deinen Wertekosmos zu hinterfragen. Es ist wichtig, den eigenen Wertekosmos in Balance zu halten. Wir achten nun mal nicht immer auf unsere Gesundheit. Wir sind nicht immer pünktlich. Wir vergessen mal etwas. Und das ist vollkommen in Ordnung so. Problematisch werden Werte immer nur dann, wenn du sie ausschließlich im Extrem lebst. In diesem Moment werden Werte zum Zwang und somit zu einem Hemmnis für dich.

Um dir deiner Werte bewusst zu werden, empfehle ich dir, fünf Werte, die dir besonders am Herzen liegen, auf einem Zettel zu notieren. Schaue dir diese Werte jeden Morgen einmal an, um sie noch einmal zu verinnerlichen. Reflektiere am Abend, wann und in welchen Situationen du diese Werte in deinem Alltag, insbesondere aber in deinem Job, gelebt hast. Priorisiere deine Werte anhand deiner Reflexion. Es ist sehr wichtig, dass du hier ehrlich zu dir bist. Es nützt nichts, fleißig oder mutig oder sportlich sein zu wollen, wenn man es in Wirklichkeit nicht ist. Werte, die nicht gelebt werden, sind leider nichts anderes als kleine Lügen, die man sich selbst erzählt. Sie helfen dir nicht weiter. Bitte folge hier keinem von der Gesellschaft oder deinem direkten Umfeld geprägten Idealbild. Es geht hier wirklich um dich und nicht darum, wie dich jemand anders gerne hätte. Solltest du merken, dass einer deiner notierten Werte deinen Tag kaum oder gar nicht beeinflusst, suche nach einem anderen und schreibe diesen auf deinen Zettel. Mach das eine oder zwei Wochen lang. Ich bin sicher, dass du danach eine ganz andere Beziehung zu deinem persönlichen Wertekosmos hast.

Dein Wertekosmos ist nicht starr. Werte können und sollten sich im Laufe deines Lebens verändern. Du gewinnst an Erfahrung, du lernst neue Dinge kennen, deine Lebensumstände ändern sich. Dadurch können sich auch deine Prioritäten und somit deine Werte verschieben. Einer Person, die eine Familie gründet, ist womöglich das Thema Sicherheit wichtiger als zuvor. Einschnüren sollte es sie aber nicht. Ich empfehle dir, die beschriebene Reflexionsübung immer mal wieder in deinen Alltag einzubauen, um zu wissen, wie es um deine Werte bestellt ist und ob du sie auch wirklich noch lebst.

WAS ZEICHNET DEINE PERSÖNLICHKEIT AUS?

In ihr stecken alle Zutaten für deinen Traumjob.

Beschäftigen wir uns nun mit deiner Persönlichkeit. Früher glaubte man, dass die Persönlichkeitsentwicklung in jungen Jahren abgeschlossen sei. Heute weiß man, dass sich die Persönlichkeit ein Leben lang entwickelt und auch verändern kann. Verantwortlich dafür sind meist einschneidende Erlebnisse. Als besonders prägend gelten unsere Partnerbeziehungen, die Familiengründung und die Berufswahl. Vor diesem Hintergrund werde ich nicht müde, zu betonen, wie wichtig es ist, nicht einfach leichtfertig einen Beruf zu ergreifen. Passen dein Beruf und deine Persönlichkeit nicht zusammen, musst du jeden Tag eine Dysbalance leben, die dich über kurz oder lang aus dem Gleichgewicht bringt.

Doch wie lernt man seine Persönlichkeit kennen? Wie findet man heraus, wer man ist? Indem du deine Werte kennengelernt hast, hast du bereits einen wichtigen Schritt getan. Doch deine Persönlichkeit ist weitaus vielfältiger. Um Persönlichkeit zu gewichten, haben Wissenschaftler:innen das Prinzip der *Big Five* eingeführt. Dabei handelt es sich um fünf Persönlichkeitsdimensionen, in denen sich jeder von uns bewegt. Natürlich nicht auf die gleiche Art. Zu den fünf Persönlichkeitsdimensionen zählen die Extraversion, die Offenheit, die Verträglichkeit, die Gewissenhaftigkeit und der Neurotizismus. Gehen wir die Persönlichkeitsdimensionen ruhig der Reihe nach durch.

Big Five (1/5): Extraversion

In der Extraversion spiegelt sich das Verhältnis einer Person zu gesellschaftlichen Kontakten, zu Geselligkeit und zu Aktivitäten. Die Extraversion gibt uns Auskunft darüber, wie eine Person in Beziehung zur Gemeinschaft tritt und wie viel Aufmerksamkeit sie von ihrer Umgebung einfordert. Menschen mit einer hohen Extraversion sind sehr kontaktfreudig. Es fällt ihnen leicht, Bekanntschaften zu schließen. Eine extrovertierte Persönlichkeit erkennt man an ihrem enthusiastischen, aufgeschlossenen Umgang mit anderen Personen. Sie sind zudem sehr aktiv und unternehmungslustig. Statt abends auf der Couch zu sitzen, gehen extrovertierte Menschen lieber aus, um sich mit Freund:innen zu treffen. Es sind Menschen, die permanent »Hummeln im Hintern« haben. Die Extraversion beinhaltet auch die Introversion. Menschen mit einer gering ausgeprägten Extraversion nennt man auch introvertiert. Ist die Extraversion bei einer Person nicht so stark ausgeprägt, handelt es sich um eine ruhige Person, die sich in einer Gruppe eher im Hintergrund hält. Sie ist in der Lage – und mag es – Zeit allein zu verbringen. Sie sucht den Kontakt zu anderen nicht aktiv. In Meetings melden sich Menschen mit geringer Extraversion eher selten zu Wort. (Das bedeutet allerdings nicht, dass sie inhaltlich nichts zu dem Meeting beizutragen hätten.) Zurückhaltung zeichnet diese Personen aus.

Eigenschaften bei sehr ausgeprägter Extraversion:

- gesprächig
- spontan
- herzlich
- gesellig
- interessiert
- das Rampenlicht suchend

Eigenschaften bei wenig ausgeprägter Extraversion:

- ernst
- zurückhaltend
- zufrieden mit sich allein
- in sich ruhend
- still in Gruppengesprächen
- hält sich gern im Hintergrund

Big Five (2/5): Offenheit

In der Persönlichkeitsdimension Offenheit wird festgehalten, welche Rolle Traditionen und Fortschritt im Leben eines Menschen einnehmen. Menschen mit geringer Offenheit tun sich mit Veränderungen schwer. Sie empfinden Neuerungen eher als Bedrohung und möchten die Dinge lieber so beibehalten, wie sie es gewohnt sind. Daher ist ihr Interesse an Kunst und Kultur, also an Dingen, die den eigenen Geist und Horizont erweitern, eher gering. Menschen mit einer sehr ausgeprägten Offenheit sind dagegen sehr kreativ und fantasievoll. Sie sind neugierig und mögen es, Neues auszuprobieren. Das können neue Restaurants sein, ein neues Theaterstück, neue Kleidung oder neue technische

Geräte. Offene Menschen sind, wenn es um Innovationen geht, sogenannte Early Adopter. Sie lieben es, Grenzen zu überschreiten und zu versetzen. Daher bereisen sie gern fremde Länder. Mit der Suche nach neuen, sehr vielseitigen Erfahrungen sind oft auch starke Emotionen verbunden.

Eigenschaften bei sehr ausgeprägter Offenheit:

- kreativ
- unkonventionell
- open-minded mit Hang zum Philosophischen
- fantasievoll
- keine Grenzen kennend oder akzeptierend
- überraschend
- erfinderisch
- leichtsinnig
- gefühlvoll

Eigenschaften bei wenig ausgeprägter Offenheit:

- traditionell
- konservativ
- skeptisch
- verlässlich
- berechenbar
- vorsichtig

Big Five (3/5): Verträglichkeit

Wie gestaltet eine Person ihre Beziehungen zu anderen Menschen? Wie geht eine Person mit Konflikten um? Wie empathisch verhält sie sich? Wie gewichtet sie Eigeninteressen und Gemeinschaftsinteressen? Die Antworten auf all diese Fragen zeigen, wie verträglich eine Person ist. Menschen mit einer geringen Verträglichkeit sind in der Lage, sich emotional sehr beherrscht und abweisend gegenüber anderen zu verhalten. Sie sind auf ihren Vorteil bedacht und entsprechend misstrauisch gegenüber anderen. Sie wollen auf keinen Fall über den Tisch gezogen werden. Sie gehen Auseinandersetzungen nicht nur aus dem Weg, es interessiert sie auch nicht, was die Konfliktpartei über sie denkt. Sie versuchen nicht, der oder dem anderen zu gefallen, da sie die Wahrung ihrer Interessen als viel wichtiger einschätzen als die Meinung, die eine andere Person von ihnen hat.

Eigenschaften bei sehr ausgeprägter Verträglichkeit:

- nach Harmonie suchend
- kooperativ
- mitfühlend
- empathisch
- nachgiebig
- verständnisvoll

Eigenschaften bei wenig ausgeprägter Verträglichkeit:

- egozentrisch
- durchsetzungsstark
- misstrauisch
- wettbewerbsorientiert
- unnachgiebig
- beharrend

Big Five (4/5): Gewissenhaftigkeit

Diese Persönlichkeitsdimension ist recht einfach zu greifen. Hier prallen Perfektionist:innen (hohe Gewissenhaftigkeit) und Lebenskünstler:innen (geringe Gewissenhaftigkeit) aufeinander. Während Menschen mit hoher Gewissenhaftigkeit Aufgaben und Projekte sehr ausdauernd verfolgen und sich nicht so leicht ablenken lassen, haben Menschen mit einer geringen Gewissenhaftigkeit eine Laissez-fair-Haltung. Sie leben gern in den Tag hinein und lassen auch mal fünfe gerade sein. In der Buchhaltung sind solche Menschen nicht so gut aufgehoben, da ihnen Genauigkeit, Details und Ordnung einfach nicht so wichtig sind. Ganz anders dagegen die Menschen mit hoher Gewissenhaftigkeit: Sie haben eine hohe Selbstkontrolle, sind sehr hartnäckig und strukturiert. Genau so jemanden möchte man zum Beispiel im Tower eines Flughafens sitzen haben, wo die Starts und Landungen von Hunderten Flugzeugen koordiniert und überwacht werden müssen.

Eigenschaften bei sehr ausgeprägter Gewissenhaftigkeit:

- pünktlich
- strukturiert
- verantwortungsbewusst
- glaubwürdig
- planend
- willensstark

Eigenschaften bei wenig ausgeprägter Gewissenhaftigkeit:

- spontan
- sorglos
- unbekümmert
- nachlässig
- leichtlebig
- nachgiebig

Big Five (5/5): Neurotizismus

Neurotizismus ist ein Begriff, den viele vielleicht noch nicht gehört haben. Mit ihm versuchen Persönlichkeitspsycholog:innen die emotionale Stabilität einer Person zu beschreiben. Wie reagiert eine Person auf Stress? Wie meistert und verarbeitet sie Rückschläge (zum Beispiel Absagen auf eine Bewerbung)? Entwickelt die Person leicht Ängste oder zeigt sie sich gegenüber Druckphasen resilient und selbstsicher? Dies ist bei einem gering ausgeprägten Neurotizismus der Fall. Solche Personen sind in der Lage, bei negativen Gefühlen und Emotionen gegenzusteuern und in eine emotionale Stabilität zurückzufinden. Es sind sehr positive, heitere Persönlichkeiten, die ein großes Vertrauen in ihre eigenen Fähigkeiten haben. Menschen mit hohem Neurotizismus sind dagegen leicht reizbar. Stress setzt ihnen zu. Sie zweifeln schneller an sich. Stark ausgeprägter Neurotizismus kann sich auch in körperlichen Beschwerden wie häufigen Kopf- oder Magenschmerzen manifestieren. Traurigkeit und Melancholie sind ebenfalls Anzeichen für einen hohen Neurotizismus.

Eigenschaften bei sehr ausgeprägtem Neurotizismus:

- nervös
- unsicher
- melancholisch
- reizbar
- verlegen
- sorgenvoll
- verletzlich
- emotional

Eigenschaften bei wenig ausgeprägtem Neurotizismus:

- selbstsicher
- ausgeglichen
- belastbar
- zufrieden
- ungezwungen
- entspannt

Wie du beim Studieren der Big Five hoffentlich schon herausgelesen hast, steckt ähnlich wie in den Werten auch in den Persönlichkeitsdimensionen keine Beurteilung. Es gibt keine Persönlichkeitseigenschaft, die per se gut oder schlecht ist. Problematisch werden Persönlichkeitsmerkmale und Werte immer nur dann, wenn sie im Extremen, im Absoluten ausgelebt werden. Dann kann sich zum Beispiel die Sparsamkeit in Geiz verwandeln. Aus Mut wird eine leichtfertige Tollkühnheit. Aus Vorsicht lähmende Angst. Aus Großzügigkeit wird Verschwendung. Und der Ordnungssinn schlägt ins Pedantische um.

Um herauszufinden, wo du innerhalb der Big-Five-Persönlichkeitsdimensionen stehst, kannst du im Internet nach frei zugänglichen und kostenlosen Tests suchen. In diesen beantwortest du eine Reihe an Fragen und erhältst anschließend eine Einordnung, wo du und deine Persönlichkeit innerhalb der Big Five zu verorten seid. Nimm dieses Ergebnis erst einmal an, selbst wenn es dir auf den ersten Blick vielleicht nicht gefällt. Du kannst auch unterschiedliche Tests machen, um zu sehen, ob sie zu einem ähnlichen Ergebnis kommen. Natürlich gewichtet jeder diese Tests ein wenig anders. Ich empfehle dir, zusätzlich mit Freund:innen offen und ehrlich über deine Persönlichkeit ins Gespräch zu kommen. Frage sie offen, was sie an dir schätzen und was sie vielleicht nicht so sehr mögen. Unsere Selbstwahrnehmung stimmt häufig nicht mit der Fremdwahrnehmung überein. Dies ist zum Beispiel dann der Fall, wenn du deine Gefühle besonders gut kontrollieren kannst oder wenn du so mit dir selbst beschäftigt bist, dass du das positive oder negative Feedback, dass du von anderen Menschen bekommst, gar nicht so sehr registrierst und verarbeitest. Je mehr Feedback und Daten du sammelst, umso leichter fällt es dir, wiederkehrende Muster und schließlich deine Persönlichkeitsmerkmale zu erkennen.

Auch diesen Check solltest du regelmäßig durchführen, da sich deine Persönlichkeit permanent verändern kann. Die größten Veränderungen finden bis zu deinem 30. Lebensjahr statt. Danach hängen Entwicklungen deiner nun gefestigten Persönlichkeit stark davon ab, ob dein Leben eher gleichmäßig verläuft oder du dich immer wieder an veränderte Lebensbedingungen anpassen musst. Hier spielen vor allem äußere Einflüsse eine große Rolle. Erstaunlicherweise erfährt unsere Persönlichkeit im hohen Alter noch einmal eine entscheidende Veränderung. Vor allem die Persönlichkeitsdimension Offenheit schwächt sich im Alter eher ab. Die Lust auf Neues schwindet. Dafür nehmen die Gewissenhaftigkeit und die Verträglichkeit im Alter eher zu.

Doch wie helfen dir nun die Erkenntnisse über deine Wertvorstellungen und deine Persönlichkeit bei der Jobauswahl weiter? Kehren wir noch einmal in den Supermarkt zurück, wo du auf der Suche nach allen Zutaten für dein Lieblingsgericht (deinen Traumjob) bist. Stell dir vor, du brauchst für dein

Lieblingsgericht (zum Beispiel Pilot:in) eine kleine Portion Neurotizismus. Die liegt links oben im dritten Regal. Einen Gang weiter findest du dann auch das kleine Paket Extraversion, das du benötigst. Offenheit und Verträglichkeit liegen auch schon in den richtigen Mengen in deinem Einkaufswagen. Die einzige Zutat, die dir jetzt noch fehlt, ist die Gewissenhaftigkeit. Die brauchst du für dein Gericht in der ganz großen Packung. Doch ausgerechnet die fehlt in den Regalen deines Supermarkts. Statt der benötigten 500 Gramm gibt es von der Gewissenhaftigkeit nur noch eine einzige, hefewürfelgroße Portion. Mit der allein kannst du dein Lieblingsgericht nicht zubereiten. So sehr du es auch willst und bereit bist zu improvisieren: Es wird nicht funktionieren.

Genau das passiert leider, wenn Menschen im falschen Job landen. Sie versuchen ein Gericht mit den falschen Zutaten oder der ungenügenden Zutatenmenge zu kochen. Damit dir das in Zukunft nicht mehr passiert, werden wir uns nun auf Grundlage deiner Werte und deiner Persönlichkeitsmerkmale um deine Stärken und deine Schwächen kümmern. Bleib bitte dran! Du hast jetzt bereits einen Großteil des Wissens gesammelt, das du brauchst, um deinen persönlichen Traumjob zu finden.

WELCHE EXPERTISE HAST DU?

Wie Schwächen dich stärker machen und wie du deine Stärken am besten einsetzt.

Bist du stolz auf deine Stärken? Geben Sie dir ein gutes Gefühl, und stellst du sie gerne heraus und in den Vordergrund? Gut so. Du darfst und sollst dich für Dinge, die du besonders gut kannst, ruhig feiern lassen. Doch was ist eigentlich mit deinen Schwächen? Wie gehst du mit ihnen um? Kehrst du sie lieber unter den Teppich? Oder arbeitest du aktiv an ihnen? Solltest du zu denjenigen gehören, die ihren Fokus noch nicht auf ihre Schwächen gerichtet haben, möchte ich dich motivieren, das zu ändern. Warum? Damit deine Schwächen nicht zum Problem für deine Stärken werden.

Ein Beispiel: Stell dir vor, du bringst das gleiche Talent wie ein Teammitglied in ein Unternehmen ein. Allerdings gehört es zu deinen Schwächen, dich leicht ablenken zu lassen. Du bist schnell unkonzentriert. Wenn du an dieser Schwäche nicht arbeitest, kann es dir passieren, dass deine Kolleg:innen dein Talent nicht so hoch einschätzen wie das des anderen Teammitgliedes. Deine Schwäche steht dir nämlich im Weg, dein volles Potenzial zu entfalten und sichtbar zu machen. Gelingt es dir jedoch, an deiner Schwäche zu arbeiten, werden deine Kolleg:innen auch deine Stärken besser wahrnehmen. Die Zeit, die du mit der Arbeit an deinen Schwächen verbringst, ist daher sehr viel effektiver eingesetzt.

An Schwächen zu arbeiten, stärkt die Stärken.

Um dir deiner Stärken und Schwächen bewusst zu werden, empfehle ich dir, Freund:innen und Bekannte um Feedback zu bitten. Frage sie konkret nach deinen Stärken und Schwächen. Das kann deine Belastbarkeit sein, deine Motivation, deine Ausgeglichenheit, deine Ordnungsliebe, deine Kommunikationsfähigkeit … Zu deinen Stärken gehören auch besondere Talente wie Geschicklichkeit oder Humor. Lass deine Gesprächspartner:innen alle genannten Stärken und Schwächen mit Noten von 1 bis 10 bewerten. Beziehe in diese *Reflected-Best-Self*-Analyse, also in die Reflexion deines besten Selbst, auch deine Erkenntnisse aus deiner Werte- und Persönlichkeitsanalyse mit ein. Es wird für dich spannend sein, zu sehen, welche Eigenschaften von allen genannt werden. Ich empfehle dir, die Anfrage erst telefonisch zu verabreden und anschließend per Messenger oder Mail zu schicken, damit sich deine Freund:innen wirklich Zeit für die Antworten nehmen und in Ruhe darüber nachdenken.

In meinem Onlinekurs »Mission: Bewerbung!« unter der-karriereguru.de findest du Schwäche-Stärke-Listen und zahlreiche weitere Unterlagen, die dich Schritt für Schritt durch den Selbstfindungsprozess führen und dir die Arbeit daran enorm erleichtern.

So könnte deine Nachricht lauten:

Liebe:r .... ,

für meine nächsten Bewerbungen setze ich mich aktuell mit meinen Stärken und Schwächen auseinander. Und dafür wollte ich dich um Hilfe bitten. Wenn du an mich denkst, welche fünf Stärken und welche fünf Schwächen fallen dir ein? Ich möchte dich bitten, eine Liste zu machen und jede Schwäche und jede Stärke von 1 bis 10 zu benoten, wobei 1 die schlechteste Note und 10 die beste ist. Bitte sei bei deinen Antworten ehrlich. Dein Feedback hilft mir, besser einzuschätzen, woran ich in Zukunft noch arbeiten kann. Ich rufe dich dazu in den kommenden Tagen auch noch einmal an. Vielen Dank für deine Unterstützung.

Dein:e .... ,

Eine weitere Möglichkeit, dir deiner Stärken und Schwächen bewusst zu werden, sind Onlinetests. Ich kann dir hier das kostenlose Angebot von Via Survey (viacharacter.org) empfehlen, das ich selbst und in meinen Unternehmen immer wieder eingesetzt habe und einsetze.

Wichtig ist in beiden Fällen: Nimm die Benennung von Schwächen nicht persönlich und sei nicht beleidigt. Sieh die Erkenntnis als Chance, um besser zu werden und in Zukunft an deinen Schwächen zu arbeiten. Ich bin gespannt, ob du durch die *Reflected-Best-Self*-Analyse nicht vielleicht sogar eine Stärke in dir entdeckst, die dir bisher verborgen geblieben ist. Ich glaube wirklich, dass jede:r von uns ein:e Expert:in ist und etwas ganz besonders gut kann. Und es ist deine Aufgabe herauszufinden, was das genau ist. Hast du sie erledigt, bist du deinem Traumjob wieder ein Stück nähergekommen.

WAS MOTIVIERT DICH?

Wie Motivation funktioniert. Und wie du sie trotz null Bock in Gang bringen kannst.

Wie du vielleicht weißt, gibt es zwei Arten von Motivation: die intrinsische Motivation und die extrinsische Motivation. Während die intrinsische Motivation aus uns selbst herauskommt und stark an unser persönliches Interesse, an unsere Werte und das Gefühl von Sinnhaftigkeit geknüpft ist, entsteht die extrinsische Motivation durch äußere Faktoren wie Geld, sozialen Status oder Macht. Dabei ist die eine Motivation nicht besser als die andere. Ein Beispiel: Ein Job, der dir zu 100 Prozent Spaß macht, der also zu 100 Prozent auf intrinsischer Motivation beruht, mit dem du aber nicht genügend Geld verdienst, um damit deinen Lebensunterhalt zu bestreiten, wird dir auf Dauer nicht guttun. Umgekehrt verhält es sich genauso: Ein Job, der dir viel Status und ein sicheres und hohes Einkommen verspricht, der also extrinsisch motiviert ist, ist keine Garantie für dein Lebensglück.

Intrinsische Motivation ist stark beeinflusst von:

- Interesse
- Lust und Spaß
- Sinnhaftigkeit
- den eigenen Werten

Extrinsische Motivation ist stark beeinflusst von:

- sozialem Status
- Macht
- Verdienst
- Zugehörigkeit

Dieses Wissen ist als Entscheidungsgrundlage über deinen Traumjob essenziell. Wir werden daher später noch einmal darauf zurückkommen, wenn wir deine Werte, deine Persönlichkeit, deine Talente, Schwächen und Stärken sowie deine Motivation miteinander verbinden.

Neben diesen beiden unterschiedlichen Formen der Motivation möchte ich dich noch darauf aufmerksam machen, wie Motivation generell funktioniert. Schließlich ist niemand von uns immer gleich motiviert. Während es Tage gibt, an denen du energiegeladen bist und alle deine Aufgaben locker abarbeitest, gibt es auch Tage, an denen du das Gefühl hast, nicht voranzukommen. Du hast null Bock und es fällt dir schwer, überhaupt loszulegen. Doch genau das solltest du tun. Überwinde dich. Das Ergebnis deines Tuns wird dich positiv überraschen.

Aktion entfacht Motivation.

Vielleicht hast du folgende Situation schon einmal erlebt: Es ist einer dieser Null-Bock-Tage. Und eigentlich müsstest du am Abend noch mit einem Freund oder einer Freundin ins Fitnessstudio. Aber du willst nicht und in deinem Kopf kreisen tausend Gedanken, warum du nicht ins Studio gehen kannst. Du denkst, dass alles andere besser wäre, als ins Studio zu gehen. Doch dann redest du mit deinem Freund oder deiner Freundin und er oder sie überredet dich, doch zum Sport zu gehen. Obwohl du während der Trainingssession nicht motiviert bist, und du aufgrund deines niedrigen Energielevels auch nicht deine beste Leistung bringst, merkst du, wie sich etwas in dir verändert. Deine Motivation kehrt nach und nach zurück. Und spätestens auf dem Nachhauseweg bist du froh, dass du doch ins Studio gegangen bist. Du bist zwar immer noch geschafft. Aber diese Müdigkeit fühlt sich ganz anders an als zuvor. Und du freust dich vielleicht sogar schon auf die nächste Trainingssession.

Tatsächlich ist es so, dass du mit Handlungen und Aktionen deine Motivation aktiv beeinflussen kannst. Du musst einfach deinen inneren Schweinehund überwinden und loslegen. Ich werde dir später noch intensiver erklären, wie du diese Erkenntnis auch in deinem Bewerbungsprozess gewinnbringend nutzen kannst.

WIE KANNST DU PUNKTEN?

Das richtige (Bewerbungs-)Mindset.
Und wie du damit eine Gewinnermentalität entwickelst.

Du hast neben dem Ins-Tun-Kommen noch weitere Möglichkeiten, deine Motivation aktiv zu beeinflussen, und zwar durch dein Mindset. Deine Einstellung, also wie du an eine Sache herangehst, hat eine enorme Wirkung auf deine

Motivation. Häufig kommt es vor, dass wir selbst unsere größten Kritiker:innen sind. Schuld daran sind sogenannte kognitive Verzerrungen. Dabei handelt es sich um Denkfehler, die deine Motivation hemmen. Ich möchte dir an dieser Stelle nicht nur die wichtigsten Denkfehler vorstellen, sondern dir auch verraten, wie du deine innere Kritikerin oder deinen inneren Kritiker verstummen lässt.

Denkfehler 1: Schwarz-Weiß-Denken

Beim Schwarz-Weiß-Denken fällst du gedanklich in Extreme. Du erkennst diesen Denkfehler an Worten wie *immer*, *nie*, *total*, *nichts*, etwa: »Ich habe nichts für die Prüfung gelernt. Wenn ich die Prüfung nicht schaffe, werde ich nie meinen Traumjob bekommen.«

So findest du aus diesem Denkfehler heraus: Relativiere dein Thema. Sage dir: »Ich bin auf die Prüfung vielleicht nicht optimal vorbereitet, aber ich versuche dennoch das bestmögliche Ergebnis zu erzielen. Und danach geht das Leben weiter.«

Denkfehler 2: Verallgemeinerungen

Verallgemeinerungen funktionieren ähnlich wie das Schwarz-Weiß-Denken. Du glaubst, in einem Ereignis ein negatives Muster zu erkennen, obwohl die Realität eine andere ist. Du bekommst in Mathe zum Beispiel im ersten Leistungstest des Jahres eine 5 und denkst: »Ich kann kein Mathe.«

So findest du aus diesem Denkfehler heraus: Schließe nicht aus dem Augenblick auf die Ewigkeit. Sieh die schlechte Note als Standortbestimmung und als Hinweis, den Stoff nachzuholen, den du noch nicht beherrschst.

Denkfehler 3: Geistiges Filtern

Beim geistigen Filtern gelingt es dir nicht, Informationen, die du bekommst, richtig zu gewichten. Stell dir vor, du hast eine Präsentation abgegeben und dein:e Chef:in sagt zu dir: »Danke für deine sehr gute Arbeit. Ich würde dich jedoch bitten Punkt 3 noch einmal etwas zu überarbeiten. Dort fehlen die folgenden Informationen …« Menschen, die zum geistigen Filtern neigen, hören aus diesem Feedback nur heraus: »Ich habe unter Punkt 3 wichtige Informationen vergessen.«

So findest du aus diesem Denkfehler heraus: Berücksichtige alle Informationen, die du im Job bekommst, und konzentriere dich nicht nur auf das negative Feedback.

Denkfehler 4: Gedankenlesen

Beim Gedankenlesen beziehst du Handlungen oder Stimmungen von anderen Menschen stets auf dich. Hat ein Kollege oder deine Chefin den ganzen Tag schlechte Laune, denkst du, dass du daran schuld bist und die Person sauer auf dich ist.

So findest du aus diesem Denkfehler heraus: Sprich deinen Kollegen oder deine Chefin an. Sag der Person, dass du das Gefühl hast, dass sie sich heute nicht wohlfühlt. Biete ihr Hilfe an oder frage sie, ob sie mit jemandem reden möchte.

Denkfehler 5: Wahrsagerei

Vielleicht kennst du das Prinzip der sich selbst erfüllenden Prophezeiung. Eine Person, die zum Beispiel glaubt, dass sie den Vortrag vor dem gesamten Team versemmeln wird, und dies in den Wochen davor ihren Kolleg:innen bei jeder Gelegenheit kundtut, erhöht die Wahrscheinlichkeit signifikant, dass genau das passiert. Auch wenn du glaubst, dass du nach deinem Bewerbungsgespräch bestimmt wieder eine Absage bekommst, erhöhst du die Wahrscheinlichkeit, dass genau das passiert. Die Menschen, die dich in diesem Bewerbungsgespräch erleben, spüren deine Unsicherheit und deine Negativität. Sie ziehen selbstbewusste Kandidat:innen, die genauso qualifiziert sind, vor.

So findest du aus diesem Denkfehler heraus: Mach dir bewusst, dass du in jeder Situation immer nur gewinnen kannst, auch wenn du »nur« um eine Erfahrung reicher geworden bist. Selbst wenn du eine Absage auf eine Bewerbung bekommst, hast du Erfahrung im Bewerbungsgame gesammelt und die Möglichkeit, dir hinterher noch Feedback zu deiner Bewerbung abzuholen, um herauszufinden, was du besser machen kannst.

Denkfehler 6: Maximieren und Minimieren

Dieser Denkfehler ist eine Kombination aus Schwarz-Weiß-Denken und geistigem Filtern. Du bewegst dich beim Maximieren und Minimieren in Extremen und fokussierst dich vor allem auf Negatives. Stell dir vor, du hast zehn Projekte erfolgreich abgeschlossen, doch beim elften fehlt noch immer die Unterschrift der Kundin oder des Kunden. Statt dich zu freuen, dass du 90 Prozent deiner Arbeit erfolgreich erledigt hast, bist du vollkommen verzweifelt. Zudem glaubst du, dass beim nächsten Projekt bestimmt auch wieder etwas schiefgeht.

So findest du aus diesem Denkfehler heraus: Balanciere Erfolge und Misserfolge aus. Feiere jeden deiner Erfolge, selbst wenn du nicht alles richtig gemacht hast. Analysiere deine Misserfolge und frage dich, was du in Zukunft besser machen kannst.

Manchmal kannst du übrigens nichts besser machen. Manchmal liegt es eben auch am Kunden oder an der Projektpartnerin, dass ein Projekt nicht so gut oder gar nicht funktioniert. Siehe auch: Denkfehler 7: Personalisieren.

Denkfehler 7: Personalisieren

Bei diesem Denkfehler beziehst du alles, was um dich herum passierst, auf dich. Du glaubst, dass die Handlungen deiner Mitmenschen nur durch dich hervorgerufen werden. Passiert etwas Negatives, denkst du, dass du daran schuld bist. Dein Kollege ist unpünktlich? Du denkst, es ist deine Schuld. Deine Kollegin hat keine Zeit, mit dir zum Mittagessen zu gehen. Du denkst, sie mag dich nicht.

So findest du aus diesem Denkfehler heraus: Mach dir klar, dass sich das Universum nicht um dich dreht. Andere Menschen haben ihre eigenen Probleme. Und die haben meistens überhaupt nichts mit dir zu tun.

Denkfehler 8: Falsche Verantwortung

Bei dieser kognitiven Verzerrung überschätzt du den Einfluss deiner Möglichkeiten. Ganz ähnlich wie beim Personalisieren oder beim Maximieren und Minimieren, bist du der Überzeugung, dass es deine Verantwortung ist, dass es in der Firma gerade nicht so gut läuft. Statt dich auf deine Arbeit zu konzentrieren, denkst du die ganze Zeit nur: »Hätte ich dies oder jenes besser gemacht, wäre die Situation nicht so.« Falsche Verantwortung tritt auch ganz häufig in Beziehungen auf, in denen eine Person denkt, sie allein sei dafür verantwortlich, die anderen Person glücklich zu machen. Dabei sind Beziehungen immer ein Miteinander, in dem beide Partner:innen in allen Belangen zu gleichen Teilen Verantwortung tragen.

So findest du aus diesem Denkfehler heraus: Mach dir bewusst, dass du nicht die ganze Welt kontrollierst und somit auch nicht verantwortlich für alles bist. Deine »Ohnmacht« in vielen Angelegenheiten ist keine Schwäche.

Denkfehler 9: Alles muss fair sein

»Wieso habe ich es so viel schwerer als andere? Wieso hat mein Kollege ein Haus geerbt? Und ich nicht? Warum bin ich alleinerziehend, während meine Kolleg:innen alle wenigstens etwas Unterstützung zu Hause bekommen? Wenn ich während meines Studiums nicht so viel hätte arbeiten müssen, um Geld zu verdienen, hätte ich bestimmt wie meine Freund:innen eine bessere Note und einen besseren Job bekommen. Das ist doch nicht fair. Die Welt ist nicht fair.« So sehr wir uns das auch wünschen: Ja, es lohnt sich immer, auf eine fairere Welt hinzuarbeiten. Sich selbst zu bedauern, ist jedoch kein Mittel, dass uns hier weiterbringt.

So findest du aus diesem Denkfehler heraus: Vergleiche deine Möglichkeiten nicht mit den Möglichkeiten anderer. Neid kostet dich nur Kraft und hilft dir nicht weiter, deine Ziele zu erreichen.

Denkfehler 10: Abhängigkeit

Dieser Denkfehler ist der Antagonist zum Denkfehler 8: Falsche Verantwortung. Menschen, die sich in der Abhängigkeit verlieren, glauben, dass alle anderen schuld an einer Situation sind. Etwa: »Wenn ich nicht so eine doofe Chefin hätte, wäre ich schon längst befördert worden. Wenn meine Kolleg:innen ihre Arbeit besser machen würden, wäre ich längst fertig.« Menschen, die den Denkfehler der Abhängigkeit begehen, glauben, dass, wenn sich die anderen ändern, ihr eigenes Leben besser wäre.

So findest du aus diesem Denkfehler heraus: Je stärker du dein Leben von anderen Menschen abhängig machst, umso geringer ist deine Selbstwirksamkeit ausgeprägt. Selbstwirksamkeit, also der Glaube, dass man sein Leben selbst gestalten kann, ist jedoch extrem wichtig, wenn es darum geht, seine persönlichen Ziele zu erreichen. Schau immer darauf, was *du* tun kannst, um eine Situation zu verbessern. Und dann setze es um. Alles andere liegt nicht in deiner Macht.

Wenn du diese typischen Denkfehler aufmerksam studiert hast, wird dir vielleicht aufgefallen sein, dass es ein Leitmotiv, einen roten Faden bei all diesen Denkfehlern geht: das positive Denken.

Das positive Denken ist nötig, um positive Erfahrungen zu machen. Menschen, die immer über sich selbst klagen »Ich schaffe nichts«, senken automatisch ihre Chancen auf Erfolg. Sie finden weniger Motivation (»Klappt ja eh nicht!«), sie kommen schwerer ins Tun (»Lohnt sich nicht!«), und verhindern so schlussendlich, dass sich ihre Persönlichkeit entwickeln und überhaupt entfalten kann. Sie schöpfen nur ein Bruchteil ihres eigentlichen Potenzials aus.

Im Leben ist es wie beim Sport: Auf der Ersatzbank wird niemand besser und zur Gewinnerin oder zum Gewinner. Wer gewinnen will, muss raus aufs Spielfeld und dort Erfahrungen, Rückschläge und schließlich auch Erfolge sammeln.

Die sieben Stufen des Handelns

Den inneren Schweinehund überwinden. Eine Gewinnermentalität entwickeln. Das sagt sich leicht. Doch die Umsetzung fällt vielen dennoch schwer. Ich möchte dir daher noch eine zusätzliche Hilfestellung mit auf deinen Weg geben. Stell dir vor, du stehst vor einem riesigen Berg. Dieser Berg ist wirklich ziemlich hoch. Er ist so hoch, dass du denkst: Da komme ich nie hoch. Solange dich dieser Gedanke beherrscht, wirst du es tatsächlich auch nicht auf den Berg schaffen. Um ins Tun zu kommen, um denen inneren Schweinhund zu überwinden, musst du den Gedanken »Ich schaffe es nicht« beiseiteschieben, um Platz für einen anderen Gedanken zu machen: »Ich könnte es den Berg hinaufschaffen.«

In einer Möglichkeit zu denken, ist stets der erste Schritt, um Handlungen auszulösen. Doch es kommt noch besser. Du kannst den Gedanken »Ich könnte es den Berg hinaufschaffen« nämlich noch verstärken, indem du ihm den Gedanken »Ich möchte es schaffen« zur Seite stellst. Von »Ich könnte es schaffen. Ich möchte es schaffen« ist es nur noch ein kleiner Schritt zu: »Ich versuche, es zu schaffen.« Du legst los. Das ist das Allerwichtigste. Ob du oben auf dem Berg ankommen wirst, darüber entscheiden deine Fähigkeiten. Sind

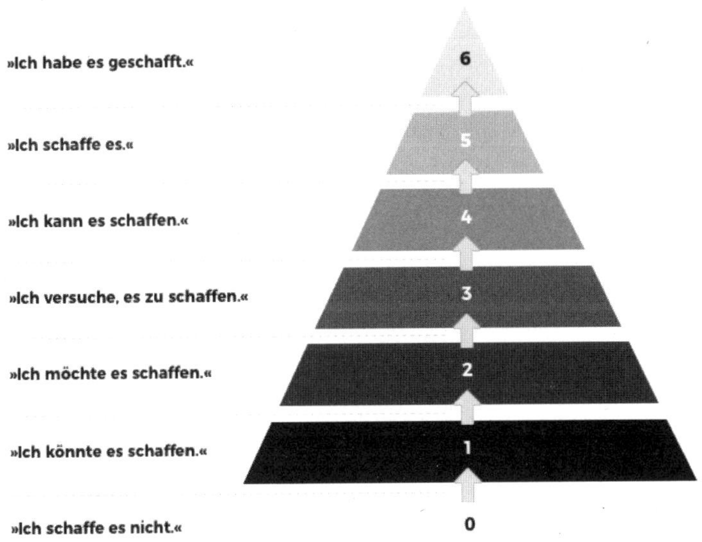

sie ausreichend, wirst du feststellen, dass du vorankommst: »Ich kann es schaffen.« Anschließend bist du im Prozess. Jetzt fällt es dir leicht, durchzuziehen: »Ich schaffe es.« Und oben auf dem Berg stellst du schließlich fest: »Ich habe es geschafft.«

Wann immer du das Gefühl hast, nicht loslegen zu können, nimm dir die nachfolgende Grafik zur Hand und überprüfe, was dich hindert. Glaubst du noch nicht daran, dass du es kannst? Oder möchtest du es gar nicht tun? Vertraue mir: In den Stufen 1 und 2 des Handelns entscheidet sich, ob du deinen inneren Schweinhund überwindest oder nicht.

Der Nullpunkt: »Ich schaffe es nicht.« (Setzt bei dir keine Handlung und Motivation in Gang.)

1. Stufe: »Ich könnte es schaffen.« (In Möglichkeiten zu denken, ist der erste Schritt, um loszulegen.)
2. Stufe: »Ich möchte es schaffen.« (Ziele und Wünsche stärken deine Motivation.)
3. Stufe: »Ich versuche, es zu schaffen.« (Der erste konkrete Schritt der Handlung erfolgt.)
4. Stufe: »Ich kann es schaffen.« (Du machst Erfahrungen und lernst deine Fähigkeiten kennen.)
5. Stufe: »Ich schaffe es.« (Du bist im Prozess.)
6. Stufe: »Ich habe es geschafft.« (Du bist am Ziel.)

EIN TRAUMJOB?

Was das eigentlich ist und warum Geld und Status nicht der Schlüssel sind, um deinen Traumjob zu finden.

Ich hatte bereits geschrieben, dass es *den einen* Traumjob nicht gibt. Ein Traumjob ist eine zutiefst persönliche Angelegenheit. Ein hohes Gehalt macht noch keinen Traumjob. Auch die Bewunderung für deinen Jobtitel reicht nicht, um dich wirklich glücklich zu machen. Zu einem Traumjob gehört ein bisschen mehr. Ein echter Traumjob muss den folgenden Punkten gerecht werden:

- 20 % mentale Gesundheit
- 20 % körperliche Gesundheit
- 20 % Freizeit
- 20 % Spaß an der Arbeit
- 10 % Gehalt
- 10 % Jobtitel

Ein Job, der dich permanent über- oder unterfordert, kann dich nicht glücklich machen. Im Gegenteil, über kurz oder lang leidet deine mentale Gesundheit. Auch eine körperliche Überforderung mit vielen Überstunden und wenig Erholungspausen kann dich mit der Zeit krank machen. Du brauchst Zeit für dich selbst, für deine Familie. Daher muss dir ein Traumjob auch immer genügend Freiraum für deine Freizeitgestaltung lassen. Natürlich macht Arbeit nicht immer Spaß. Es gibt Zeiten, in denen ist Arbeit anstrengend und nervig. Aber in einem Traumjob findest du nach den stressigen Tagen immer wieder zum Spaß zurück. Geld spielt ebenfalls eine Rolle. Es muss eine Summe sein, mit der du dich wohlfühlst und dein Leben so bestreiten kannst, wie du es möchtest. Und natürlich machen auch der Jobtitel und die gesellschaftliche Anerkennung, die damit verbunden ist, einen Traumjob aus.

Zusammengefasst heißt das: Ein Traumjob gibt dir den Grund, jeden Morgen gerne aufzustehen und dich mit Freude an deine Arbeit zu machen.

> Natürlich kann dein Traumjob auch dafür sorgen, morgens im Bett liegen zu bleiben. Weil dir das wichtig ist, du genau das gerne machst und dir dein Job das ermöglicht. Deine Prioritäten und Werte bestimmen, welches dein Traumjob ist. Sollte dir ein gutes Gehalt wichtiger sein als eine aufregende Tätigkeit, ist das vollkommen in Ordnung.

Allerdings ist es mit dem Traumjob ein bisschen wie bei der Partnerwahl. Da steht auch nicht jede:r auf jede:n. Zu bestimmten Menschen fühlt man sich einfach mehr hingezogen, während andere einen mehr oder weniger kalt lassen. Doch so wie man mitunter bei der falschen Partnerin oder beim falschen Partner landet, landet man auch schnell im falschen Job. Die Gründe dafür können vielfältig sein.

Startup junge Leute Ausbilder

Gesellschaftlicher Status

Einer der wichtigsten Gründe ist das Statusdenken, das Missverhältnis zwischen intrinsischer und extrinsischer Motivation. Leider sind in unserer Gesellschaft bestimmte Jobs noch immer als besser oder wertiger angesehen. Jemand, der Arzt oder Rechtsanwältin ist, wird wohlwollend angestaunt. Auch Designer:innen werden bewundert. Ich habe selbst erlebt, wie der Satz »Ich arbeite bei BMW« mit größerem Respekt aufgenommen wurde als der Satz »Ich verkaufe Obst« – obwohl ich in erstem Fall lediglich ein Praktikant war und mir im anderen Fall das Unternehmen mitgehörte.

Vermeintliches Sicherheitsgefühl

Neben dem gesellschaftlichen Status eines Jobs kann einen auch die eigene Familie in den falschen Job drängen. »Lern etwas Anständiges«, reden Eltern gern auf uns ein und meinen damit vermeintlich sichere und beständige Jobs bei großen namhaften Unternehmen. Eltern zufolge fängt man am besten bei einer Versicherung oder Bank an, die es schon seit 100 Jahren gibt. Eine Karriere als Musiker:in, Schauspieler:in oder in der Gastronomie? »Lass bloß die Finger davon. Das ist viel zu unsicher!«, heißt es dann. Es ist schade, wenn mit solchen »Ratschlägen« bei dir Ängste aktiviert werden und diese dann zur Basis für deine Jobentscheidung werden.

Falsche Vorstellungen

Auch falsche Vorstellungen und Erwartungen ein weiteres Hindernis auf dem Weg zum Traumjob sein. Dein Traumjob ist nicht das Nest, das bereits gemacht ist, sondern das Nest, das du erst noch bauen musst. Wärst du zum Beispiel gern erfolgreich als Sänger:in, Schauspieler:in oder Influencer:in? Vielleicht reizt dich tatsächlich einer dieser Berufe. Aber wärst du auch bereit, das zu tun, was nötig ist, um in diese Position zu kommen? Wärst du als Musiker:in bereit, im Jahr wochenlag auf Tour zu gehen? Wärst du bereit, stundenlang zu proben? Fühlst du dich auf einer Bühne vor Hunderten Menschen wohl?

Wärst du als Influencer:in bereit, dich jeden Tag mit deiner Community auseinanderzusetzen? Und würde es dir Spaß machen, jeden Tag neuen Content zu produzieren? Viele sehen bei einem vermeintlichen Traumjob nur das Ziel. Den Ruhm, den Glamour, das Geld. Sie lassen jedoch den Aufwand und die Arbeit außer Acht, die notwendig sind, um das Ziel zu erreichen. So funktionieren die Jobwelt und das Leben nicht.

Liebe den Prozess, nicht das Ziel.

Um herauszufinden, welcher Job dein persönlicher Traumjob ist, solltest du deine Motivation, deine Persönlichkeit und deinen Wertekompass mit den Faktoren abgleichen, von denen ein Job geprägt wird. Du solltest intrinsische und extrinsische Motivation in Balance bringen. Und das gelingt dir am besten mit einer Mindmap:

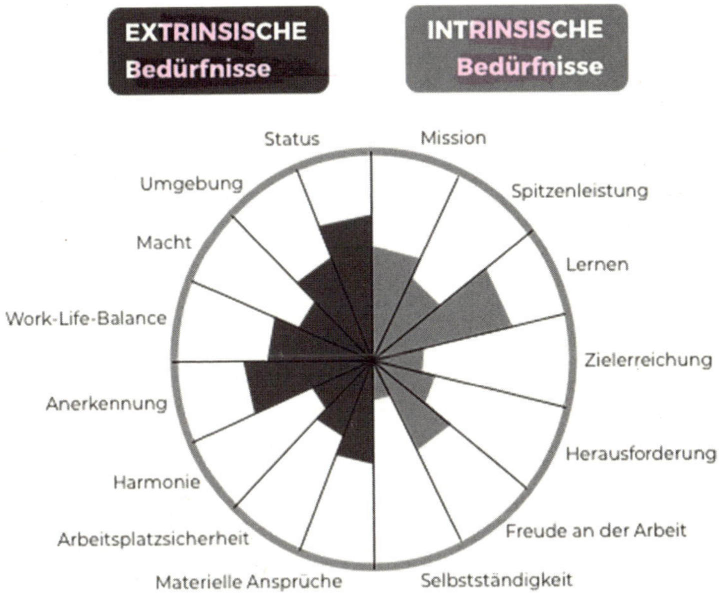

Mit einer solchen Mindmap kannst du überprüfen, ob ein Job wirklich zu dir passt und deinen Ansprüchen und Wünschen gerecht wird. Bewerte, wie wichtig dir jeder einzelne Punkt ist. Dir ist das Erlernen neuer Dinge wichtig?

Dann solltest du nicht in einem konservativen, sich nur sehr langsam verändernden Unternehmen starten. Spielt Status für dich eine große Rolle? Dann suche nach einem Job in einem namhaften Unternehmen, das dieses Bedürfnis befriedigen kann. Bist du jemand, der gerne Ziele erreicht und herausgefordert werden möchte, könntest du im Vertrieb sehr gut aufgehoben sein. Ist dir das Gehalt sehr wichtig, suche nach Branchen, in denen überdurchschnittlich gezahlt wird. Das Ergebnis deiner Mindmap ist ein genauer Plan, eine Blaupause, wie dein Traumjob aussieht. Jetzt müssen wir ihn nur noch finden.

In den folgenden Kapiteln werden wir daher klären, wie du dich über Unternehmen und Jobs informieren kannst und wie du eine Bewerbung formulierst, mit der du garantiert zu einem Bewerbungsgespräch eingeladen wirst. Denn es reicht ja nicht, zu wissen, welches dein Traumjob ist. Du solltest auch wissen, was du alles tun kannst, um ihn zu bekommen.

Der nächste wichtige Schritt auf unserer Mission besteht daher darin, deine eigene Geschichte aufzuschreiben – um sie anschließend zu erzählen.

KAPITEL 3

DEINE EIGENE STORY

Schreibe deine eigene Geschichte und erzähle sie

MIT DEM GOLDENEN KREIS ZUR EIGENEN STORY

Der goldene Kreis setzt sich aus drei Kreisen, sogenannten Ebenen, zusammen: (1) aus dem *Warum,* das in der Mitte ruht; (2) aus dem *Wie,* welches das *Warum* umschließt; und schließlich (3) aus dem *Was,* dem äußeren Kreis unseres Modells. Alle drei Ebenen ergeben zusammen die drei zentralen Fragen, die ein Unternehmen sich stellen muss und die auch du dir stellen musst. Sie lauten:

- Warum mache ich etwas?
- Wie mache ich es?
- Was mache ich?

Die Frage nach dem *Warum* zielt auf die Motivation und die Glaubenssätze ab. Was ist die Vision? Was ist die Mission eines Unternehmens? Die Frage nach dem *Wie* behandelt, mit welchen Mitteln und mit welchem Aufwand der Umsetzungsprozess gestaltet wird. Im *Wie* spiegeln sich daher Wertvorstellung und – was sehr wichtig ist – die Alleinstellungsmerkmale, mit denen sich ein Unternehmen vom Markt unterscheidet. Im *Was* stecken dann die Ergebnisse, der Output der Arbeit. So weit, so simpel. Diese drei Fragen sind oder sollten der Leitfaden allen Tuns eines Unternehmens sein. Von entscheidender Bedeutung ist allerdings, in welcher Reihenfolge das Unternehmen sie sich stellt. Ein Beispiel:

Stell dir einen erfolgreichen Automobilproduzenten vor. Die Ingenieur:innen bekommen die Aufgabe, ein neues, ein umweltfreundlicheres Modell zu entwickeln. Es wäre das 87. Modell in der Geschichte des Unternehmens. Wie sollten die Ingenieur:innen an diese Aufgabe herangehen? Sollten sie mit dem *Was*, mit dem *Wie* oder mit dem *Warum* beginnen?

Natürlich mit dem *Warum*! Es ist die wichtigste und zentrale Frage eines jeden Projekts. In dem Fall: *Warum bauen wir dieses Auto? Weil wir die Umwelt schonen wollen.*

Ist die Frage nach dem Warum beantwortet, ergibt sich der Rest fast von allein. *Wie bauen wir dieses Auto? Wir bauen dieses Auto so, dass es komplett recycelt werden kann und den niedrigsten Verbrauch in seiner Klasse hat.*

Aus dem *Wie* ergeben sich neue Materialen, neue Designs und neue Herstellungsverfahren. Diese neuen Prozesse führen schließlich zum *Was*: *Was bauen wir? Wir bauen das umweltfreundlichste Auto unserer Unternehmensgeschichte.*

Wie würde sich nun dasselbe Projekt anfühlen, wenn man es statt vom *Warum* vom *Was* her aufrollt? Die erste Frage würde lauten: *Was bauen wir? Wir bauen das 87. Automodell in der Geschichte unseres Unternehmens.*

Spürst du, wie schwach diese Geschichte ist? Wie in deinem Kopf nichts passiert, angesichts der Zahl 87? Wie soll dieses Auto denn aussehen? Was macht es besonders? Beginnt man ein Projekt mit dem *Was*, gibt es für die Ingenieur:inneen keinerlei Anhaltspunkte, woran sie arbeiten sollen. Obwohl es das Golden-Circle-Modell seit mehr als zehn Jahren gibt, denken noch immer viele Unternehmen zu stark von der Produktebene aus. Das hat zur Folge, dass sie ihren Kund:innen keine oder nur eine schwache, wenig überzeugende Geschichte erzählen können. Oder dass sie und ihre Produkte austauschbar sind. Ein *Was*, in dem kein *Warum* steckt, ist einfach langweilig.

Tatsächlich wissen die meisten Unternehmen, *was* sie machen. Sie bauen Autos oder Smartphones. Sie stellen Schuhe her oder Sportbekleidung. Sie haben auch eine ganz gute Vorstellung davon, *wie* sie das machen. Allerdings beginnt der goldene Kreis bei den meisten Unternehmen beim *Wie* bereits auszufransen. Sucht man nach Besonderheiten oder nach Alleinstellungsmerkmalen, wird man nur schwer fündig. Und fragt man gar nach einem *Warum*, wird

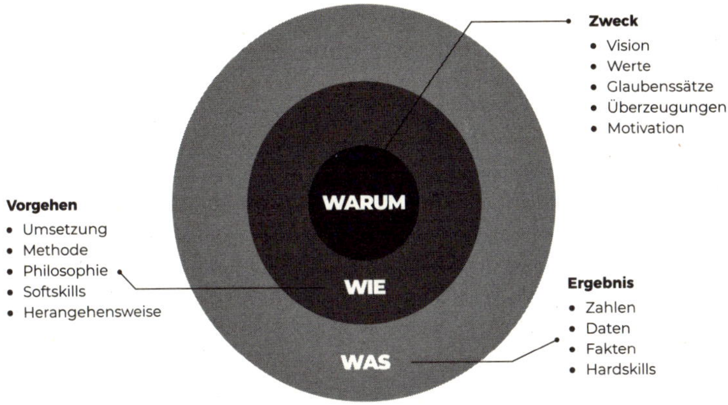

es bei vielen Unternehmen richtig dünn. Ich merke das auf Vorträgen, wenn Unternehmen wissen wollen, wie sie junge Bewerber:innen von sich überzeugen können. Auf die einfache Frage, *warum* sich eine Person ausgerechnet bei diesem Unternehmen bewerben sollte, kommen dann oft Antworten wie: »Bei uns verdient man gutes Geld. Wir bieten Weiterbildungsmöglichkeiten.«

Das sagen in Deutschland wahrscheinlich 99 Prozent der Unternehmen von sich. Für die Bewerber:innen entsteht aus diesen Antworten kein Mehrwehrt. Das Unternehmen erzählt keine Story. Und es ködert die Bewerber:innen auch nicht emotional. Weil es den Golden Circle von außen nach innen, statt von innen nach außen erzählt. Stattdessen wäre es wesentlich wichtiger für das Unternehmen, zu sagen, was sein *Warum* ist. Zum Beispiel: »Wir kämpfen gegen Altersarmut und bieten daher jungen Menschen mit unseren digitalisierten Sparplänen ganz einfach die Möglichkeit, die Vorsorgelücke zu schließen.«

Startet ein Unternehmen seine Erzählung mit dem Warum, wird aus dem Unternehmen eine Unternehmung. Ich mag diesen Begriff. Während ein Unternehmen ein statisches Objekt ist, stecken in der Unternehmung Handlung und Bewegung. Das Unternehmen ist ein Gebäude, ein Name. Eine Unternehmung ist ein Prozess. Und du erinnerst dich vielleicht an die Worte vom Ende von Kapitel 2: Liebe den Prozess. Prozesse bringen Menschen (und Unternehmen) voran. Sie setzen Dinge in Gang und ermöglichen Neues.

---

e Abbildung zeigt noch einmal sehr anschaulich die beiden Wirkungsweisen des goldenen Kreises.

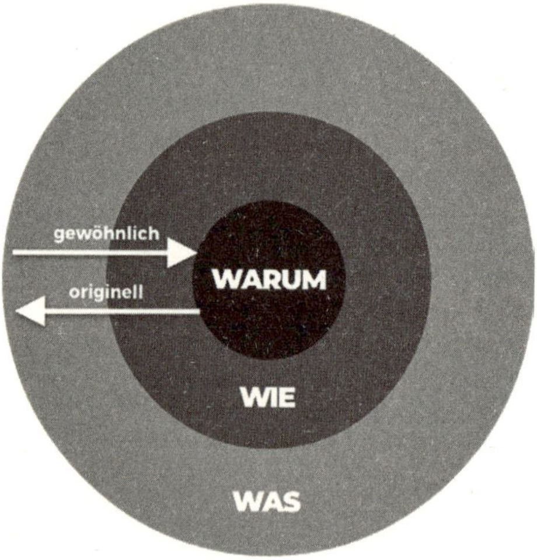

Ich habe das Modell des goldenen Kreises mit Absicht zuerst auf Unternehmensebene behandelt. Wie bereits geschrieben, lässt es sich jedoch auch auf Personen übertragen. Und das wird jetzt ein bisschen wehtun. Egal, ob du gerade auf der Suche nach deinem ersten Job bist oder bereits mitten im Berufsleben steckst, beantworte einmal die folgenden Fragen zu den drei Ebenen des goldenen Kreises:

(1) Das Warum

- Warum arbeitest du?
- Was möchtest du mit deiner Arbeit erreichen?
- Warum gehst du an mehr als 200 Tagen im Jahr deiner Arbeit nach?
- Warum gehst du jeden Tag gern zur Arbeit? Oder sehnst du womöglich nur die Wochenenden herbei?
- Gab es einen Moment in deiner Vergangenheit, der dich besonders geprägt hat? Wie hat sich das auf dich und deine Karriere ausgewirkt?
- Welchen beruflichen Fußabdruck möchtest du in der Welt hinterlassen?

Wenn eine Person an den Wochenenden stets dem Leben regelrecht [illegible] flieht, das sie sonst unter der Woche hat, ist das meist ein Indikator, dass sie im falschen Job feststeckt. Setzt jemand an seinen Wochenenden dagegen bewusst inhaltliche Kontrapunkte und geht am Montag wieder erholt und mit Freude an seine Arbeit, ist das etwas anderes.

(2) Das Wie

- Wie arbeitest du?
- Was kannst du besser als deine Kolleg:innen? Welche besonderen Fähigkeiten besitzt du?
- Was glaubst du, wofür deine Kolleg:innen dich wertschätzen?
- Was glaubst du, würden deine Kolleg:innen am meisten vermissen, wenn du eines Tages kündigen würdest?
- Was hoffst du, wie deine Kolleg:innen von dir denken? Und was tust du, damit deine Kolleg:innen so von dir denken?
- Was fällt dir leicht, was anderen vielleicht schwerfällt? Womit beschäftigst du dich gerne und was fasziniert dich daran?

(3) Das Was

- Was ist das Ergebnis deiner Arbeit?
- Wie oft bist du auf das Ergebnis deiner Arbeit stolz?
- Wie oft bekommst du Komplimente für deine Arbeit?
- Was bewirkt deine Arbeit in der Welt? Welchen Nutzen haben andere Menschen von deiner Arbeit?

Das alles sind keine rhetorischen Fragen. Im Gegenteil. Nimm dieses Fragen ernst. Schreibe sie auf einen Zettel und beantworte sie ehrlich. Es hilft dir nicht weiter, dir deinen Job schönzureden. Du musst bereit sein, dich deinen Wünschen zu stellen. Ich kann mir vorstellen, dass dies zum Teil ein sehr schmerzhafter Prozess ist. Vor allem wenn du merkst, dass dir die Antworten auf diese

Fragen noch fehlen oder dass die Antworten bisher noch gar nicht Teil deines Denkens und Handelns sind. Mit großer Wahrscheinlichkeit bedeutet dies, dass du im falschen Job steckst oder aber dass du dir als Berufsanfänger:in noch kein umfassendes Bild von dir selbst und deinem zukünftigen Job gemacht hast.

Du und deine Bewerbung seid für das Unternehmen austauschbar.

Noch immer fangen 90 Prozent aller Bewerbungen mit dem Satz »Hiermit bewerbe ich mich auf die von Ihnen ausgeschriebene Stelle XY« an. Daran schließen sich in der Regel die immer gleichen Sätze an: dass man teamfähig und motiviert und kommunikativ sei. Stell dir vor, 90 Prozent der Bücher, die du liest, fangen gleich an. Wie viel Lust hättest du, in sie reinzulesen? Wahrscheinlich keine große. Und so geht es auch Personaler:innen, die sich durch einen Stapel an Bewerbungen arbeiten und nur denken: »Bitte nicht schon wieder.« Personaler:innen sind Menschen, die wie alle anderen auch emotional berührt werden wollen – von deiner persönlichen Geschichte. Sie wollen nicht die 100. austauschbare Bewerbung anschauen. Sie wollen dich kennenlernen.

Hadere nicht mit dem, was du nicht hast, sondern fokussiere dich auf das, was du noch erreichen kannst.

Solltest du dein Bewerbungsanschreiben bisher auch stets mit dem »Hiermit bewerbe ich mich«-Satz begonnen haben, sei an dieser Stelle nicht zu streng mit dir. Woher sollst du wissen, dass es in deiner Bewerbung auf deine Geschichte ankommt, wenn es weder an der Schule noch in den Hochschulen oder im Elternhaus gelehrt wird?

Gerne kannst du dich bei der Suche nach den Antworten auf die Fragen zum goldenen Kreis von Freund:innen oder Kolleg:innen begleiten lassen. Nimm dir Zeit. Lasse das Feedback, das du bekommst, ruhig für ein paar Tage in dir arbeiten. Die Frage nach dem *Warum* ist die alles entscheidende. Wenn du beim Gedanken an deine Arbeit keine guten Gefühle hast, ist es nicht die richtige Tätigkeit für dich. Wenn du keinen Herzensgrund hast, jeden Morgen für deine Arbeit aufzustehen, wirfst du große Teile deines Lebens weg. Auch die Frage nach deinem *Wie* dürfte spannend sein, denn hier geht es um deine besonderen Talente. Hast du ein Alleinstellungsmerkmal? Was sind deine besonderen Stärken? Was kannst du besonders gut? Wie steht es um das Verhältnis und die Beziehung zu deinen Kolleg:innen? Deine Antworten auf die *Was*-Fragen verraten dir, ob du bereits

Hy. Präsentation.

in der Lage bist, dein *Warum* und dein *Wie* zu leben. Ist dies der Fall, wird deine Arbeit positiv auffallen. Ist dies noch nicht der Fall, solltest du dein *Warum* und dein *Wie* noch einmal hinterfragen.

Spätestens an dieser Stelle dürfte dir aufgefallen sein, warum wir uns zuvor so intensiv mit deiner Persönlichkeit, deinen Werten und deinen Stärken und Schwächen auseinandergesetzt haben. All diese Übungen sind wichtige Hilfsmittel, die dich in die Lage versetzen, deinen eigenen goldenen Kreis zu entwickeln und aus ihm heraus eine Geschichte abzuleiten, die dich und deine Bewerbung einzigartig macht.

Solltest du die Antworten auf alle Fragen gefunden haben, kannst du deinen eigenen goldenen Kreis zeichnen. Du brauchst ihn, um eine der wichtigsten Fragen im Bewerbungsgame zu beantworten:

Warum sollte ein Unternehmen ausgerechnet dich einstellen?

Nur wenn du diese Frage beantworten kannst, kannst du bei deinem Wunschunternehmen einen Motivationskreislauf in Gang setzen. Der Mensch tut nur, was ihm nützt. Selbst altruistische Handlungen, also wenn wir anderen helfen oder beiseitestehen, wenn wir Geld spenden oder scheinbar selbstlos handeln, haben einen unmittelbaren Nutzen für uns. Wir fühlen uns zum Beispiel besser, weil wir unseren Werten folgen. Das ist nicht abwertend zu verstehen. Auch sich selbst zu quälen, etwa bei einem wichtigen Arbeitsprojekt, nutzt uns. Nicht unmittelbar, aber wir schaffen eben mehr, wenn wir in der Lage sind, uns auch einmal durchzubeißen. Hat man es schließlich geschafft, ist die Freude umso größer. Immer dann, wenn wir gezwungen sind, etwas zu tun, worin wir keinen Nutzen sehen, wächst in uns eine innere Unruhe und Ablehnung heran. Erfolgreiche Unternehmen funktionieren nach demselben Prinzip. (Erfolgreiche) Unternehmen tun nur, was ihnen nützt. Wenn du nicht in der Lage bist, dem Unternehmen einen guten Grund zu geben, dich einzustellen, wer dann? Du bist die Person, die dich am besten kennt – vorausgesetzt, du hast dich mir dir selbst auseinandergesetzt. Niemand außer dir sollte die Frage, warum ein Unternehmen ausgerechnet dich einstellen sollte, daher besser beantworten können.

Gelingt es einem Unternehmen nicht, Nutzen – also einen Gewinn – aus seinem Tun zu ziehen, wird es über kurz oder lang pleitegehen.

Mein goldener Kreis sieht zum Beispiel so aus:

Warum mache ich das, was ich mache?
Meine Vision ist es, dem Thema Arbeit und Beruf seinen leidigen Aspekt zu nehmen. Ich finde, dass Arbeit ein viel zu wichtiger Teil im Leben ist, als dass man sich dort quälen sollte. Arbeit soll Spaß machen und man sollte sich freuen, dass man der Arbeit, die man macht, nachgehen darf. Das ist meine Vision. Meine Mission ist es, als Karriereguru die Nummer-eins-Anlaufstelle für jegliche Karrierethemen zu sein. Angestoßen wurden meine Vision und meine Mission von der Erkenntnis, dass ich die Person sein will, die ich in der Schule und später nie hatte. Jemand, der die Komplexität aus dem Karriere- und Bewerbungsthema nimmt.

Wie mache ich es?
Um mein *Warum* zu leben, versuche ich Karrierethemen inhaltlich so einfach wie möglich und auf eine unterhaltsame Art und Weise aufzubereiten. Um eine große Zielgruppe zu erreichen und dieser einen einfachen Zugang zu meinen Inhalten zu ermöglichen, stehe ich vor der Kamera und nutze Social-Media-Kanäle, weil sich meine Zielgruppe dort bereits aufhält und weil ich dort eine maximale Reichweite erzielen kann.

Was mache ich?
Ich bin Content Creator zu Karrierethemen. Ich berate und unterstütze Menschen über Social Media in sämtlichen Karriere- und Bewerbungsfragen.

Du siehst, selbst bei meinem goldenen Kreis klingt das *Was* viel weniger aufregend als das *Warum* und das *Wie*. Meine Story mag jetzt für dich wie eine Selbstverständlichkeit wirken. Aber das war sie nicht. Ich habe für meine Pläne ordentlich Gegenwind erhalten, sowohl von Freund:innen als auch von meiner Familie. Sie empfanden das, was ich vorhatte, als radikal und utopisch. Nur wenige haben verstanden, dass ich das, was ich dir hier skizziert habe, machen musste, und immer noch mache, um glücklich zu sein. In meinen Augen hatte und habe ich zudem wenig zu verlieren. Ich brauche nicht viel. Ich hätte im Falle eines Scheiterns oder wenn sich das Projekt nicht so schnell so gut entwickelt hätte, kein Problem damit gehabt, wieder im Kinderzimmer bei meinen Eltern zu wohnen. Weil ich weiß, dass die Basis, um wirklich erfolgreich zu sein, etwas ist, dem meine Leidenschaft gehört. Das ist in meinen Augen nicht radikal, sondern konsequent. Ich empfinde diese Einstellung auch nicht als egoistisch, wie ich mir auch anhören musste. Ich glaube, wenn es mir selbst nicht gut geht, geht es auch den Menschen in meiner Umgebung nicht gut. Ich muss mit mir selbst im Reinen sein, um positiv auf andere Menschen wirken zu können. Ein Job, in dem man unglücklich ist, in den man sich immer wieder zwingen muss, trägt dazu nicht bei.

> Ich bin der festen Überzeugung, dass das Treffen unpopulärer Entscheidungen, das Treffen von Entscheidungen für sich selbst, nicht angeboren oder eine besondere Gabe ist. Wir alle können diese Fähigkeit erlernen. Insbesondere die Frameworks in Kapitel 5 werden dir dabei von Nutzen sein. Es sind Tools, die dir helfen, dein Bauchgefühl besser zu verstehen. Denn woher kommt dieses Bauchgefühl? Es entsteht aus einer inneren Unruhe, die dich energetisch auflädt. Diese Ladung muss sich lösen können, um dich nicht auf Dauer zu belasten.

Der eigenen Geschichte auf die Spur zu kommen, ist nicht leicht. Aber mit den Fragen und Techniken, die ich dir an die Hand gegeben habe, kommst du deiner Geschichte näher. Solltest du Probleme haben, schau bitte vor allem in deinem Privatleben danach, wo deine persönliche Expertise liegt. Wir alle haben ein Hobby oder Interessen, an denen unsere Leidenschaft hängt und in denen wir uns engagieren können, ohne dass wir die damit verbundene Anstrengung als belastend empfinden. In genau diesen Zustand möchte ich dich auch in deinem Arbeitsalltag bringen.

Um dir zu zeigen, wie dein Privatleben dir helfen kann, deine Geschichte zu entwickeln, möchte ich dir das Beispiel eines Freundes erzählen, der den Wunsch in sich trug, in den Personalbereich zu wechseln. Allerdings hatte er keine entsprechende Ausbildung und hatte zuvor in einem vollkommen anderen Bereich gearbeitet. Er traute sich daher nicht, sich auf entsprechende Stellen zu bewerben. Er dachte, dass er als Quereinsteiger für eine Firma nicht interessant sein könne. Er empfand das als Schwäche.

Im Gespräch mit ihm fiel mir auf, dass er Leidenschaft für das Thema hatte und den Willen zu lernen. Was ihm lediglich fehlte, war eine Geschichte, das Fundament, mit dem er sich verkaufen konnte. Ich fragte ihn daher nach seinen Hobbys und er erzählte mir, dass er gerne DTM-Rennen besucht und dort Fotos macht. Das Thema Motorsport fasziniere ihn, insbesondere das Zusammenspiel von Mensch und Maschine sowie das Team hinter den Fahrer:innen. Er hatte über die Jahre sogar enge Kontakte zu den Teams geknüpft und durfte auch in die Motorhomes. Mir war sofort klar: *Das* war seine Geschichte. Und so haben wir sie erzählt:

> *Warum möchte ich im Personalbereich arbeiten*
> Mich fasziniert seit jeher das Zusammenspiel von Mensch und Maschine. Seit Jahren begleite ich DTM-Rennen und die dort anwesenden Teams. Dort habe ich gelernt, dass Rennwagen erst dann die optimale Performance auf die Strecke bringen können, wenn das Getriebe perfekt geölt ist, die Reifen den richtigen Druck haben und der Fahrer im Vertrauen, dass sein Team jede Schraube des Wagens überprüft hat, das für ihn maximal vertretbare Risiko eingehen kann. Perfektes Teamwork entsteht durch klare Kommunikation, klare Aufgabenteilung, das Austarieren von unterschiedlichen Bedürfnissen und dem Willen, sich ständig zu verbessern. Um ein Team so zu organisieren, dass es bestmöglich arbeiten kann, braucht man den Blick auf das große Ganze sowie den Fokus auf den Moment, um die Ziele zu erreichen. Genau darin sehe ich meine Berufung: das optimale Zusammenspiel in einem Team in allen Bereichen zu organisieren.

Mit diesem *Warum* war mein Freund plötzlich kein Quereinsteiger mehr, sondern ein Experte, der sein Knowhow in der Praxis aufgesogen hatte. Er bewegte sich fortan bei seinen Bewerbungen in der Rennstall-Terminologie. Damit kannte er sich aus. Anhand dieser Geschichte konnte er in Bewerbungsgesprächen selbstbewusst auftreten und seine Position glaubhaft vertreten, weil er sich mit seinem Thema auskannte. Mittlerweile arbeitet er im Personalbereich.

Ein anderer Fall, der mir besonders in Erinnerung geblieben ist, ist der einer alleinerziehenden Mutter mit drei Kindern. Sie dachte ebenfalls, dass sie aufgrund fehlender beruflicher Erfahrung keine attraktive Bewerberin für Unternehmen sei. Als ich das Gespräch auf ihren Alltag als alleinerziehende Mutter lenkte und wissen wollte, wie sie ihre Tage organisiert, sprudelte es aus ihr heraus. Schnell war klar: *Das* war ihre Geschichte. Das Organisationstalent, das Zeitmanagement, die Belastbarkeit, die Improvisationsgabe, wenn mal etwas nicht so läuft wie geplant. (Und mit Kindern läuft nie etwas so wie geplant!) Diese Geschichte war ihr Fundament, auf dem sie ihre Bewerbung aufbauen konnte. Diese Geschichte konnte sie glaubhaft und authentisch erzählen. Dadurch kam sie in ihrer Bewerbung und in den Bewerbungsgesprächen ganz anders rüber. Positiv und selbstbewusst, statt unsicher und verzagend.

Vielleicht findest du die Geschichte der alleinerziehenden Mutter wenig spannend und nicht besonders. Für diese Mutter war sie es. Und nur darum geht es. Sie tat sich mit ihrer Geschichte fortan viel leichter, das zu ihr passende Unternehmen zu finden. Der Weg zu deinem Traumjob führt nur über Ehrlichkeit. Du und deine Geschichte müssen vom Unternehmen verstanden und wertgeschätzt werden. Nur dann kann eine fruchtbare und erfolgreiche Arbeitsbeziehung entstehen.

PERSONAL BRANDING: WIE DU DEINE GESCHICHTE FÜR DICH ARBEITEN LÄSST

Worauf kommt es deiner Meinung nach im Berufsleben wirklich an? Warum entscheiden sich Unternehmen für den einen Bewerber und für die andere nicht? Mit welchen Qualitäten kannst du als Jobsuchende:r besonders punkten? Was gibt später im Berufsleben den Ausschlag für eine Beförderung oder deinen Aufstieg im Unternehmen? So viel will ich dir schon verraten: Die Leistung allein ist es nicht. Es reicht daher nicht, seine Arbeit einfach nur gut zu machen.

Eine Studie des Management Consultant Harvey Coleman* hat 2021 ergeben, dass Beförderungen im Job lediglich zu 10 Prozent von deiner Performance abhängen, also davon, wie du deine Aufgaben tatsächlich erledigst und welche Ziele du erfüllst. Zu 30 Prozent zahlt dein persönliches Verhältnis zu deinen Kolleg:innen auf eine Beförderung ein. Doch der weitaus größte Anteil – 60 Prozent – hängen unmittelbar mit dem Thema Personal Branding zusammen, also damit, wie du in der in der Firma gesehen wirst. Es geht auch hier um das Gefühl deiner Kolleg:innen und des Unternehmens, welchen Nutzen du für das Unternehmen hast. Für dich als Jobsuchende:r ist die Bedeutung des Personal Branding sogar noch höher, da du noch keine Performance zeigen konntest und dich im Bewerbungsprozess auch nur ein Bruchteil der neuen Kolleg:innen als Mensch erlebt.

Um hier zu punkten, ist es essenziell, dass du dein *Warum* (deine Motivation und deinen Glauben), dein *Wie* (deine Werte und deine Fähigkeiten) und dein *Was* (den Sinn deiner Arbeit und den Nutzen für andere) kennst. Es ist also essenziell, dass du an deinem goldenen Kreis gearbeitet hast. Bist du dir deines goldenen Kreises bewusst, leitet sich daraus auch die Story für dein Personal Branding ab.

Personal Branding kannst du dir als eine Art Öffentlichkeitsarbeit in eigener Sache vorstellen. Und egal, wie viel du in deinem Job zu tun hast: Du solltest du dich damit beschäftigen. Keine Angst. Die Tatsache, dass das Personal Branding zu 60 Prozent auf Aufstiegs- und Beförderungschancen einzahlt, bedeutet nicht, dass du 60 Prozent deiner Arbeitszeit damit verbringen musst. Es geht lediglich darum, dass du das Eigenmarketing nicht unter den Tisch fallen lässt. Eine Viertelstunde am Tag oder eine Stunde in der Woche können vollkommen ausreichen.

Doch wie funktioniert Personal Branding in der Praxis? Was kannst du konkret tun, um deine Position in einem Unternehmen zu festigen oder die Chancen zu erhöhen, von einem Unternehmen eingestellt zu werden. Beim Personal Branding gibt es mehrere Ebenen, auf denen du dich bewegen kannst.

Eine einfache Ebene, sich ein Netzwerk aufzubauen, sind soziale Medien. Unterschätze nicht die Macht, die Portale wie LinkedIn oder Xing haben. Du

---

* https://arrowheadconsulting.com/2021/02/24/the-p-i-e-theory-of-success-performance-image-exposure/ (zuletzt aufgerufen am 24.3.2022)

kannst in diesen Portalen deine Interessen strukturieren und highlighten, in Kontakt mit Expert:innen kommen und so ein Bild von dir zeichnen. Und glaube mir, es wird wahrgenommen. Auf Social Media geht es um Menschen. Es geht darum, Gesicht zu zeigen. Dein Leitfaden für die Geschichten, die du erzählst, sollten auch hier die wichtigen Fragen sein: *Wo befinde ich mich beruflich im Augenblick? Wo möchte ich beruflich hin?*

Du kannst dich über Social Media auch mit den Unternehmen vernetzen, die dich interessieren. Du kannst Beiträge kommentieren und damit dein Interesse, aber auch deine Expertise unter Beweis stellen.

Sich selbst auf Social Media zu präsentieren und sich so ins Scheinwerferlicht zu stellen, liegt sicher nicht allen Menschn. Introvertierte Persönlichkeiten tun sich damit womöglich schwerer. Das ist jedoch kein Problem. Es gibt noch weitere Ebenen des Personal Branding, mit denen jeder arbeiten kann, etwa die eigene Expertise. Wissen ist tatsächlich einer der wichtigsten Bausteine deines Personals Branding. Wer nichts weiß, mit dem will sich auch niemand austauschen. Und wenn du nichts weißt, also keine Expertise besitzt, dann hast du im Zweifel auch nichts zu erzählen. Wissen ist also das Fundament deines Personal Branding. Aus dem Wissen kann wiederum dein persönliches Netzwerk wachsen. Wie? Du hast Wissen, das andere brauchen. Diese anderen haben womöglich etwas, dass du brauchst. Netzwerke entstehen aus Bedürfnissen sowie nützlichen Abhängigkeiten. Sie müssen von dir allerdings aktiv bespielt werden. Du musst sie pflegen, zum Beispiel, indem du dir einmal im Monat Zeit nimmst für Gespräche, egal, ob persönlich oder telefonisch.

Selbst introvertierte Persönlichkeiten, die nicht gern in der Öffentlichkeit stehen, suchen und brauchen Anerkennung. Anerkennung, gesehen zu werden, ist ein menschlicher Urtrieb, der in uns steckt. Ich habe zudem die Erfahrung gemacht, dass introvertierten Menschen der Umweg über Social Media mitunter sogar helfen kann. Die digitale Barriere kann sogar als positiv empfunden werden, im Gegensatz zum direkten, persönlichen Kontakt. Auch beim Personal Branding ist es wichtig, dass du deinen Weg findest, mit dem du dich wohlfühlst. Nur so wirst du als der Mensch wahrgenommen, der du bist. Du kannst dich im Job nicht acht, neun Stunden am Tag verstellen und eine Rolle spielen. (Es sei denn, du bist ein Schauspieler und genau das ist deine Berufung.) Die Menschen um dich herum spüren, ob du dich in deiner Rolle wohlfühlst oder nicht. Noch mal: Authentizität und Glaubwürdigkeit sind sehr wichtige Verbündete, um im Job erfolgreich zu sein.

Solltest du das Gefühl haben, mit deinem Personal Branding festzustecken, schaue noch einmal auf die Geschichte, die du erzählst, und wie du deine Expertise herausstellst. Es ist in Ordnung, wenn du dich schwertust. Du stehst vielleicht noch am Anfang deiner Reise und musst deinen Platz in der Berufswelt erst noch finden. Den Schwerpunkt deines Personal Branding solltest du in diesem Fall auf den Wissenserwerb, auf das Vertiefen deiner Expertise legen. Der Rest kommt quasi von allein – meine Tools und Techniken helfen dir dabei.

Falls du es noch nicht gemacht hast, gehe gern auf mein LinkedIn- oder mein Xing-Profil und schaue, wie ich dort arbeite. Außerdem kannst du dich dort gleich mit mir vernetzen.

Xing: https://www.xing.com/profile/Tobias_Jost40/cv
LinkedIn: www.linkedin.com/in/karriereguru

Zu schauen, wie es andere machen, ist immer hilfreich. Ich empfehle dir jedoch, andere nicht einfach zu kopieren, sondern deiner Inspiration zu folgen und den Ideen, die du woanders aufgeschnappt hast, einen persönlichen Twist zu verpassen. Vergiss nicht: Es geht um deine Geschichte. Wenn du andere lediglich kopierst, wirst du beliebig und austauschbar.

Habe keine Angst vor Shitstorms.

Zu guter Letzt noch ein paar Worte zum Thema »in der Öffentlichkeit stehen«. Vor allem sensible Menschen tun sich mit Social-Media-Kanälen auch schwer, weil sie negative Reaktionen fürchten. Solltest auch du dazugehören, bitte ich dich, dir noch einmal die in Kapitel 2 aufgeführten negativen Denkmuster bewusst zu machen (s. Seite 56). Die Erwartung eines negativen Feedbacks sollte dich auf keinen Fall davon abhalten, ins Tun zu kommen. Ich selbst bekomme auch immer wieder negative Kommentare. Wie ich damit umgehe? Ich schaue, ob es sich bei dem Kommentar um einen reinen Shitpost handelt oder um eine konstruktive

Kritik. Ein reiner Shitpost ist nur herabsetzend und meist persönlich gegen mich oder das entsprechende Statement gerichtet.

Obwohl solche Shitposts natürlich wehtun können, lindere ich den Schmerz mit dem Gedanken, dass die oder der Postende eine Schwäche zeigt. »Was für ein Bullshit« kann jede:r in die Welt hinausplärren. Das ist armselig. Hilfreicher wäre es zu schreiben: »Hier bin ich anderer Meinung als du, und zwar weil …« Das ist konstruktive Kritik. In diesem Moment können wir uns austauschen und voneinander lernen. Bei einem Shitpost ist das nicht der Fall. Ich kann dich nur ermuntern, die Angst vor Social-Media-Fails abzulegen und das Feedback, das du erhältst, fair gewichtet zu analysieren. Und solltest du tatsächlich einmal einen Fehler gemacht haben, stehe dazu. Zeige, dass du daraus lernst und dich weiterentwickelst. Das ist hundertmal besser, als aus Angst gar nichts für dein Personal Branding zu tun.

KAPITEL 4

MISSION TRAUMJOB

Wie du den richtigen Job findest, nachdem du dich selbst gefunden hast

Alles, was ich dir bisher mit auf den Weg gegeben habe – die Analyse deiner Stärken und Schwächen, das Ergründen deiner Werte, deiner Motivation und deiner Persönlichkeit, dein Expertentum sowie die Geschichte, die sich daraus ableitet, deine persönliche Story –, all dies zusammen bildet von nun an dein Karrierefundament, auf dem du aufbauen kannst.

Eine Verkäuferin oder ein Verkäufer, die bzw. der sein Produkt nicht kennt, kann es auch nicht verkaufen. Eine Bewerberin oder ein Bewerber, die bzw. der sich selbst nicht kennt, hat im Bewerbungsgespräch – zu recht – sehr schlechte Karten.

In diesem Kapitel beschäftigen wir uns nun endlich mit dem Bewerbungsgame. Dass viele Kandidat:innen – und vielleicht ja auch du – sich damit noch immer so schwertun, liegt daran, dass sie zuvor ihre Hausaufgaben nicht gemacht haben. Stell dir vor, du würdest im Vertrieb eines Smartphone-Herstellers arbeiten. Deine Aufgabe ist es, Händler wie Amazon sowie stationäre Einzelhändler:innen vom neuesten Produkt deines Unternehmens zu überzeugen. Dein Problem: Die Entwicklungsabteilung hat dir keinerlei Informationen über das neue Modell geschickt. Du kennst das Design nicht. Du weißt nicht, wie schnell der Prozessor ist. Informationen zur Bildschirmtechnologie? Fehlanzeige! Und du hast keine Ahnung, welches Betriebssystem verbaut wurde. Würdest du unter solchen Umständen überhaupt in ein Verkaufsgespräch gehen?

Was sollst du den Leuten denn verkaufen? Wahrscheinlich würdest du die Gespräche mit deinen Kund:innen absagen und deiner Entwicklungsabteilung die Hölle heiß machen, endlich mit den Informationen ums Eck zu kommen, die du für ein erfolgreiches Verkaufsgespräch brauchst.

Genauso sitzen die meisten Kandidat:innen jedoch im Bewerbungsgespräch. Sie kennen das Produkt nicht, das sie verkaufen wollen. Sie kennen sich selbst nicht. Und wenn das Unternehmen von ihnen wissen will, was sie dem Unternehmen konkret anzubieten haben, flüchten sie sich in Plattitüden und gelernte Pseudo-Power-Sätze, die Personaler:innen so schon hundertmal gehört haben und die in ihnen nur noch Langeweile erzeugen. Logisch, dass sich die Kandidat:innen in so einem Gespräch unwohl fühlen und unsicher sind. Sie müssen Amazon ein Smartphone verkaufen, über das sie nichts wissen. Jeder wäre in so einem Gespräch unsicher.

»Ich bin einfach unsicher. Deshalb scheitere ich immer in meinen Bewerbungsgesprächen.« Wie oft ich diesen Satz schon gehört habe. Viele denken wirklich, dass die Unsicherheit ein Teil von ihnen sei. Eine Charaktereigenschaft, die sie nicht loswerden können. Das ist falsch. Ich sage dir: Nein, du bist nicht per se unsicher. Du bist nur schlecht vorbereitet. Und deine Unsicherheit ist eine Folge deiner mangelnden Vorbereitung.

Zum Glück geht es dir jetzt nicht mehr so. Du bist mittlerweile mit deinen Skills vertraut. Du weißt, was du einem Unternehmen zu bieten hast. Du kennst deine eigene Geschichte und bist daher bereit, eine Bewerbung zu schreiben, die Aufsehen erregt. Statt »Hiermit bewerbe ich mich auf die ausgeschriebene Lehrstelle als Kfz-Mechaniker:in« heißt es bei dir: »Ich war acht Jahre alt, als ich meinem Vater dabei zugeschaut habe, wie er im Motor unseres alten Fords herumgeschraubt hat. Ich habe damals schon immer versucht, die richtigen Werkzeuge für ihn aus dem Werkzeugkasten zu fischen. Seitdem faszinieren mich Motoren. Kfz-Mechaniker:in ist mein Traumberuf.« Eine Person, die so eine Geschichte erzählt, will man doch kennenlernen. In dieser Geschichte stecken Leidenschaft und Motivation.

Doch zum Bewerbungsgame gehören noch ein paar mehr Facetten. Nimm dir die folgenden Tipps zu Herzen. Dann bist du deinem Traumjob nochmal gleich ein gutes Stück näher.

ERHÖHE DIE ANZAHL DEINER BEWERBUNGEN

Eines der Probleme, das mir am häufigsten begegnet, ist die Angst von Kandidat:innen, keinen Job abzukommen. Vor allem Berufsanfänger:innen sind davon betroffen. Sie wollen oder müssen nach der Schule so schnell wie möglich einen Job finden. Nach den ersten vier oder fünf Absagen verzagen sie jedoch und wissen nicht mehr weiter. Sie denken, dass sie nicht gut genug sind, obwohl das Problem meist darin liegt, dass sie sich noch zu wenig mit ihrer Geschichte auseinandergesetzt haben. Logisch, eine Person, die mit 18 Jahren mit der Schule fertig ist, befindet sich noch mitten in der eigenen Persönlichkeitsentwicklung. Diese Person ist sich ihrer Geschichte, ihrer Stärken und Schwächen noch gar nicht bewusst. Womöglich haben sich Letztere noch gar nicht entsprechend entwickelt.

Doch selbst wenn deine Geschichte noch nicht so stark ist, kannst du mit einem einfachen Kniff dafür sorgen, deine Chance auf einen Job deutlich zu erhöhen. Der Trick lautet: maximale Frequenz.

Es ist wie beim Dating. Warum glaubst du, dass Apps wie Tinder oder Bumble so erfolgreich und beliebt sind? Weil sie Menschen auf der Suche nach einer Partnerin oder einem Partner maximale Frequenz garantieren. Mit diesen Apps erweiterst du deinen Pool an potenziellen Partner:innen automatisch um das Hundertfache – und somit auch die Wahrscheinlichkeit, dass eine passende Partnerin oder ein passender Partner dabei ist. Genauso solltest du daher auch bei deinen Bewerbungen verfahren. Die meisten Berufsanfänger:innen machen den Fehler, dass sie ihre ganzen Hoffnungen auf drei, vier, fünf Bewerbungen setzen. Klappt es mit denen nicht sofort, sind die Enttäuschung und Verzweiflung groß.

Maximale Frequenz holt dich aus diesem Teufelskreis.

Statt einer Bewerbung pro Woche schickst du ab sofort zehn Bewerbungen pro Woche raus. Absolviere so viele Bewerbungsgespräche wie möglich.

Warum? In jedem Gespräch wirst du etwas lernen. Über dich selbst, über den Bewerbungsprozess, aber auch darüber, wie Unternehmen sich präsentieren und wie sie ticken. Mit jeder Bewerbung und mit jedem Gespräch geschieht jedoch noch etwas anderes. Du wirst dich freier fühlen, da sich deine emotionale Abhängigkeit verringert.

Bewirb dich auch auf Stellen, bei denen du aktuell nur 60 Prozent der Qualifikation erfüllst. Schreibe in deiner Bewerbung, dass du dich in den entsprechenden Themenbereichen in den kommenden Wochen weiterbilden wirst. Vielleicht hast du ja tatsächlich schon einen Onlinekurs gefunden oder einen Kurs an der Volkshochschule? Signalisiere, dass du genau weißt, was dir fehlt, du aber bereit bist, zu lernen.

Sobald du erst mal 50 Bewerbungen geschrieben hast, können dich fünf Absagen nicht mehr so leicht aus der Bahn werfen. Du hast schließlich noch immer 45 andere Bewerbungen draußen, die positiv für dich ausgehen können. Das beruhigt. Gleichzeitig wird die Routine mit jedem Bewerbungsgespräch größer. Du weißt nach vier, fünf Gesprächen, was ungefähr auf dich zukommen kann. Du lernst, in welchen Situationen du noch unsicher bist, und kannst an diesen Unsicherheiten arbeiten. Du bekommst Feedback, welche deiner Antworten noch nicht überzeugen, und kannst auch hier nachbessern. Mit der Zeit wirst du immer selbstbewusster. Du lässt dich auch nicht mehr so leicht von deiner Aufregung ablenken. Es fällt dir viel leichter, fokussiert zu bleiben.

Verschicke so viele Bewerbungen wie möglich und gehe anschließend auf so viele Bewerbungsgespräche wie möglich.

Um diesen Zustand zu erreichen, empfehle ich dir, dich sogar auf Jobs zu bewerben, die dich nicht besonders interessieren. Nimm auch die hoffentlich folgenden Einladungen zu diesen Bewerbungsgesprächen wahr. Die fehlende emotionale Abhängigkeit – du willst den Job schließlich gar nicht haben – lässt dich den gesamten Bewerbungsprozess viel offener und reflektierter wahrnehmen. Du bist weniger aufgeregt und kannst dich auf das Wesentliche fokussieren.

LERNE UNTERNEHMEN VORAB RICHTIG KENNEN

Zu deinen Aufgaben als Bewerber:in gehört auch, das Unternehmen, bei dem du dich bewirbst, kennenzulernen. Versetz dich noch einmal gedanklich in eine Dating-Situation. Wie sieht für dich ein optimales Date aus? Ich denke mal, dass dir ein Date, in dem dein Gegenüber den ganzen Abend von sich erzählt und dir keine einzige Frage stellt, dich nicht so sehr befriedigt. Schließlich willst auch du bei einem Date gesehen werden. Hätte dein Gegenüber dir Fragen gestellt, hätte das Interesse an dir signalisiert.

Mit welchen Fragen ans Unternehmen gehst du eigentlich in deine Bewerbungsgespräche? Ein Bewerbungsgespräch ist keine reine Leistungsschau, sondern ein gegenseitiges Sich-Kennenlernen. Viele Kandidat:innen vergessen über der Angst, sich optimal zu präsentieren, dass ihnen Menschen gegenüber sitzen, die ebenfalls Bedürfnisse haben. Diese suchen nach einer Kandidatin oder einem Kandidaten, die bzw. der nicht nur die Fähigkeiten, sondern ein ehrliches Interesse an dem Job mitbringt. Sie suchen nach einer Kandidatin oder einem Kandidaten, die bzw. der dem Unternehmen treu ist. Gerade in der Anfangszeit investiert ein Unternehmen in dich, um dich einzuarbeiten. Diese Investition soll sich lohnen.

Deine Fragen an das Unternehmen signalisieren jedoch nicht nur Interesse, sie helfen dir auch dabei, eine bessere Entscheidung zu treffen, ob du und das Unternehmen wirklich zusammenpassen. Erfüllt das Unternehmen alle dir wichtigen Punkte?

Bist du zum Beispiel auf schnelle Karrieresprünge aus, passt ein großes Unternehmen besser zu dir als ein kleines Familienunternehmen. Auch die Branche kann ausschlaggebend dafür sein, welche Unternehmenskultur gelebt wird. Tech-Unternehmen gestalten ihre Arbeitsplätze zum Beispiel besonders modern. Ist es das, was auch du von deinem Traumjob erwartest? Oder reizt dich mehr die Geborgenheit eines Familienunternehmens?

Es ist deine Aufgabe, das herauszufinden. Bei einem Date würdest du doch sicherlich auch die Person zuvor googlen und schauen, auf welche Informationen du stößt, um einen besseren Eindruck zu bekommen. Nutze bei deiner Unternehmensrecherche nicht nur die Firmenwebsite. Es ist klar, dass dort nur Informationen zu finden sind, die das Unternehmen im besten Licht dastehen lassen. Nutze etwa die Google-News-Suche, um herauszufinden, ob es in der jüngeren oder älteren Vergangenheit vielleicht Skandale oder Pannen im Unternehmen gegeben hat. Die Informationen, die du über die Internetrecherche zum Beispiel in unabhängigen Wirtschaftszeitungen findest, helfen dir, realistischer einzuschätzen, wo das ausgewählte Unternehmen wirklich mit seinen Produkten oder in Sachen Innovationen steht.

Interessierst du dich für ein Unternehmen, das Konsumgüter produziert, lies dir Testberichte zu den Produkten durch oder checke Amazon-Bewertungen, in denen du erfährst, wie die Produkte wirklich ankommen.

Dank sozialer Netzwerke wie LinkedIn oder Xing kannst du dir im Vorfeld sogar einen Eindruck machen, welche Personen in dem Unternehmen oder gar in der Abteilung arbeiten, in der deine Stelle ausgeschrieben ist. Du hättest hier sogar die Möglichkeit, direkt Kontakt aufzunehmen und dich zum Beispiel zu erkundigen, wie es um das Arbeitsklima bestellt ist. Allein die Reaktion auf deine Anfrage kann dir Aufschluss darüber geben, ob in dem Unternehmen Persönlichkeiten arbeiten, mit denen du zusammenarbeiten möchtest. Du kannst über LinkedIn und Xing auch ehemalige Mitarbeiter:innen des Unternehmens ausfindig machen und sie nach ihrer Meinung zur Unternehmenskultur befragen. Du wirst sehen, dass sie wahrscheinlich sehr viel bereitwilliger und ehrlicher über das Unternehmen berichten. Als Ex-Mitarbeiter:innen sind sie von dem Unternehmen nicht mehr emotional abhängig. Sie müssen es sich nicht mehr schönreden.

So könnte eine solche Anfrage aussehen:

Liebe Frau .... / Lieber Herr ....

ich befinde mich gerade im Bewerbungsprozess für eine Stelle in Ihrem Unternehmen und suche den Kontakt zu Ihnen, um mehr über das Unternehmen aus Arbeitnehmersicht zu erfahren. Ich würde gern wissen, wie bestimmte Prozesse strukturiert sind und welches Arbeitsklima im Unternehmen gelebt wird. Dazu hätte ich folgende Fragen: Wie würden Sie die Meeting-Kultur im Unternehmen beschreiben? Arbeitet das Unternehmen mit flachen Hierarchien? Welche Aufgaben und Projekte sind für Sie derzeit am reizvollsten?

Frage wirklich nach Dingen, die dich interessieren. Offenheit und Ehrlichkeit, gepaart mit dem nötigen Schuss Professionalität hinterlassen einen guten Eindruck und sorgen dafür, dass du an die Infos kommst, die du brauchst.

Spannend sind für dich zudem Plattformen wie Kununu oder Glassdoor. Dort bewerten ehemalige Mitarbeiter:innen die Unternehmenskultur, aber auch Gehalt und Benefits wie Dienstwagen, betriebliche Altersvorsorge, die Qualität der Mitarbeiterkantine oder die Ausstattung der Personalküchen. Außerdem bekommst du dort eine ungefähre Vorstellung über dein mögliches Gehalt – eine nicht ganz unwichtige Information, mit der du dein Gehaltspoker sicher entspannter angehen kannst und du der Sorge, dich unter Wert zu erkaufen, entgegenwirkst.

ERWEITERE DEINEN SUCHRADIUS

Wo du überall Jobs findest, brauche ich dir sicherlich nicht zu sagen. Das Netz ist voll von Jobportalen und Jobs. Wichtig zu wissen für dich ist lediglich, dass sich auch Jobportale spezialisiert haben. Während Portale wie ausbildung.de, Absolventa oder Azubiyo für Auszubildende und Praktikant:innen interessant sind, finden Berufseinsteiger:innen passende Jobs über Portale wie truffls, berufstart.de und ebenfalls Absolventa. Plattformen wie Stepstone oder Monster zielen dagegen vorwiegend auf Kandidat:innen mit Berufserfahrung ab.

Einige dieser Portale bieten dir auch sogenannte Karriere-Checks an. Mit diesen kannst du auf mitunter spielerische Art herausfinden, welche Jobs zu deinen Skills passen. Probiere sie ruhig aus und schau, wie die Ergebnisse zu deinen bisherigen Erkenntnissen über deine Stärken und Schwächen passen.

In meinem Onlinekurs »Mission: Bewerbung!« findest du eine Liste mit mehr als 50 Jobportalen, sortiert nach Berufserfahrung. Schau doch mal unter der-karriereguru.de rein.

Wichtig ist auch hier: Arbeite nicht nur mit einer Plattform. Eine einzelne Plattform erzeugt automatisch eine hohe emotionale Abhängigkeit. Stelle deinen Lebenslauf bei mindestens fünf Stellenbörsen ein und suche dort aktiv nach Jobs. Wir wollen maximale Frequenz schaffen. Bewegst du dich nur auf einer Jobplattform, schränkst du die Zahl deiner Möglichkeiten unnötig ein. Vor allem die großen Plattformen haben den Vorteil, dass du dort den Algorithmus für dich arbeiten lassen kannst und immer wieder neue Jobangebote angezeigt bekommst.

Noch ein Tipp: Suche nach lokalen Jobportalen in deiner Stadt. Das funktioniert gut entweder über die Tageszeitung oder aber über das Rathaus. Vernachlässige auch Portale wie LinkedIn und Xing mit ihren Jobbörsen nicht. Über diese Portale wirst du zudem Teil des passiven Arbeitsmarkts. Noch einmal: Vernetze dich ruhig mit spannenden Menschen in Unternehmen, für die du gern arbeiten würdest. Kommentiere Beiträge und positioniere dich als Expert:in. Wer weiß, vielleicht sucht ja einer von deinen Kontakten eines Tages nach genau deiner Expertise und erinnert sich an dich.

LERNE, STELLENANZEIGEN RICHTIG ZU LESEN

Weißt du eigentlich, was ein Research Analyst macht? Oder womit eine Business-Development-Managerin oder ein Business-Development-Manager die eigene Arbeitszeit verbringt? Manchmal habe ich den Eindruck, dass einige Unternehmen nicht einmal mehr selbst wissen, was oder wen sie suchen. Stattdessen arbeiten sie mit einem trendig und möglichst wichtig klingenden Jobtitel, in der Hoffnung, dass dieser möglichst viele Kandidat:innen anlockt. Lass dich davon nicht aufs Glatteis führen. Recherchiere die Jobbezeichnungen. Nicht dass du dich in der Hoffnung auf einen Karrieresprung auf die Stelle als Executive Assistant bewirbst und hinterher enttäuscht bist, weil es sich »nur« um einen Job als Bürohilfe handelt.

Der Jobtitel ist natürlich oft auf Englisch formuliert. Das klingt international und nach der großen weiten Welt. Facility-Manager:in bleibt am Ende des Tages jedoch immer ein Hausmeisterposten. Und das ist auch gut so. Ohne diesen würde der ganze Laden nämlich nicht laufen.

Doch nicht nur der Jobtitel kann in einer Stellenanzeige missverständlich sein. In der Sprache der Personaler:innen stecken mitunter auch Kommunikationsbarrieren, die Bewerber:innen abschrecken. Frauen zum Beispiel fühlen sich mitunter nicht angesprochen, wenn in einer Anzeige nach »Anpacker:innen und Möglichmacher:innen« gesucht wird. Männer dagegen scrollen schnell weiter, wenn in einer Anzeige nach einer »freundlichen und zuverlässigen Servicekraft« gesucht wird. Schade eigentlich. Denn möglicherweise würde die Art und Weise, wie eine Frau anpackt und sich durchsetzt, dem Unternehmen sehr gefallen. Und ein Mann mit Dienstleistungsgen würde sich perfekt in der zu besetzenden Stelle als Servicekraft machen. Ich bitte dich, Stellenanzeigen daher bewusst zu lesen. Notiere dir, was dich stört und was dich anspricht. Manchmal schießen Unternehmen beim Formulieren ihrer Stellenanzeigen auch einfach über das Ziel hinaus und der Versuch, sich von allen anderen

Stellenzeigen abzuheben, geht gründlich schief. Für dich kann solch eine »originelle« Formulierung jedoch auch das Ticket für eine besondere Form der telefonischen Kontaktaufnahme sein. Ein Beispiel:

Sehr geehrter Herr .... / Sehr geehrte Frau ....

Sie suchen Anpacker:innen und Möglichmacher:innen? Gerne würde ich von Ihnen erfahren, wie Sie bei sich im Unternehmen das Anpacken und Möglichmachen definieren. Steht die praktische Umsetzung von Projekten im Vordergrund oder eher die schnelle Bearbeitung von Projekten? Verbinden Sie mit dem Möglichmachen einen Servicegedanken gegenüber Kund:innen oder geht es Ihnen eher um ein anleitendes Wirken innerhalb des Unternehmens auf die Mitarbeiter:innen?

Nachfragen zu einer Stellenanzeige sind ein Signal, dass du dich inhaltlich mit der Stelle auseinandersetzt und Informationen, die du erhalten hast, in Beziehung zu deiner Rolle im Unternehmen setzt. Du denkst mit! Sollte genau so jemand gesucht werden, fällt deine nachfragende Bewerbung sicher mehr auf als die vielen klassischen Anschreiben.

KENNE DEN WISSEN-NETZWERK-GELD-KREISLAUF

Reden wir über Geld. Vor allem für Berufsanfänger:innen ist das Gehalt eine nicht unwesentliche Komponente bei der Jobentscheidung. Vielleicht geht es dir ja auch gerade so. Du willst und musst dir erst noch einen gewissen Lebensstandard aufbauen. Du willst womöglich endlich von Zuhause ausziehen und finanziell auf eigenen Beinen stehen. Du willst die Welt entdecken und reisen können. Du willst deine Hobbys ausleben. All das kostet Geld. Verständlich. Allerdings hat Geld auch die unangenehme Eigenschaft, uns vom Wesentlichen abzulenken. Ein dicker Gehaltsscheck wird mitunter als Schmerzensgeld empfunden, als Ausgleich dafür, dass die Aufgaben nicht gerade herausfordernd und das Arbeitsklima – gelinde gesagt – eher ruppig ist. Stell dir vor, du müsstest zwischen folgenden Angeboten wählen:

- Job A hat Traumjobqualitäten, gehört zur Branche, die du schätzt, erfordert jedoch deine ganze Kreativität und vollen Einsatz, da du in einem kleinen Team arbeitest, – und sogar Wochenendarbeitszeiten. Jahresgehalt: 42 000 Euro.
- Job B bietet einen klingenden Jobtitel, gehört zu einem großen Konzern. Das Aufgabengebiet ist spannend, aber repetitiv. Du bist eine:r von vielen, hast aber gute Aufstiegschancen. Die Wochenenden sind frei. Jahresgehalt: 45 000 Euro.

Wofür entscheidest du dich? Fürs Geld oder für den Job, der dich mehr motiviert und der mehr zu dir passt?

Solltest du bei deiner Entscheidung zum Geld neigen, bitte ich dich, dich in Kapitel 5 intensiv mit dem Prozess-Ziele-Framework auseinanderzusetzen (s. Seite 130). Selbst wenn Geld zu verdienen zu deinen Zielen und zu deinem Traumjob dazugehört, kannst du mit der Entscheidung für Job B am Ende mehr verlieren als gewinnen. Wichtiger als dein augenblickliches Gehalt ist, wie sich deine Expertise entwickeln wird. Mit repetitiven Aufgaben stagniert sie. Dein Expertenstatus und deine Attraktivität auf dem Arbeitsmarkt verbessern sich nicht.

Um dir die Entscheidung bei der Jobwahl in Zukunft zu erleichtern, möchte ich dich mit dem Wissen-Netzwerk-Geld-Kreislauf bekannt machen. Die gute Nachricht gleich vorweg: Wenn du tust, was du liebst, wirst du darin mit der Zeit immer besser. Und je besser du wirst, desto größer sind deine Chancen auf ein ordentliches Gehalt. Viele denken, dass man nur frech genug sein muss, in den Verhandlungen eine möglichst hohe Summe zu nennen. Das ist leider nicht ganz richtig. Den Mut aufzubringen, eine hohe Summe in den Gehaltsverhandlungen anzugeben, ist nur der erste Schritt. Wichtiger ist, das Unternehmen zu überzeugen, dass du diese Summe wert bist. Davon hängt ab, ob du

Investiere in dein Wissen und deinen Expertenstatus und das gute Gehalt kommt von allein.

die gewünschte Summe bekommst oder nicht. Dein Pitch an das Unternehmen darf nicht sein: Was kostet es mich als Arbeitgeber:in, dich einzustellen? Der Pitch muss sein: Was kostet es mich als Arbeitgeber:in, dich *nicht* einzustellen? Präsentiere dich als Lösung des Problems. Das kann durchaus auch ein Problem sein, das die Arbeitgeberin oder der Arbeitgeber noch gar nicht kennt.

Ein Beispiel: Argumentiere nicht damit, was du aufgrund deiner Erfahrung haben willst (Vergangenheit), sondern damit, was du in den kommenden Jahren perspektivisch einsparen oder mehr erwirtschaften wirst (Zukunft). Etwa so: »Ich versichere Ihnen, das Logistikproblem in den Griff zu bekommen, weil ich XYZ weiß und kann.« Plötzlich ist der gesamte Bewerbungsfall ein anderer. Jeder Tag, der verstreicht, an dem die Arbeitgeberin oder der Arbeitgeber dich nicht im Unternehmen hat, verliert sie bzw. er Geld.

Doch wie überzeugst du ein Unternehmen von deinem Wert? Natürlich durch deine Expertise. Je größer dein Expertenstatus ist, desto eher ist ein Unternehmen bereit, hohe Summen in dich zu investieren. Je mehr du in deinen Expertenstatus investiert, desto höher ist die Wahrscheinlichkeit, mehr Geld zu verdienen. Diese Wechselwirkung wird noch durch eine weitere Komponente verstärkt: dein persönliches Netzwerk. Sorge dafür, dass möglichst viele Menschen von deiner Expertise wissen. Wir hatten bereits darüber gesprochen, dass das Netzwerken wichtig für deine Karriere ist. Zeig den Menschen, die es betrifft, woran du arbeitest. Sollten sie eines Tages deine Expertise benötigen, wissen sie, wo sie dich finden.

Erinnerst du dich an die Studie von Harvey Coleman, die ich dir bereits vorgestellt habe (s. Seite 78)? Eine Beförderung hängt nur zu 10 Prozent von deiner Performance ab, also davon, ob du deine Arbeit gut machst oder nicht. 30 Prozent sind abhängig von deinem Ruf und 60 Prozent von deiner Vermarktung, also ob Kolleg:innen das Gefühl haben, dass das, was du machst, auch wertvoll für die Firma ist.
Arbeite daher also immer *smart*, statt nur *hart*.

SEI EHRLICH UND PRÄSENTIERE EINE BREITE BRUST

Das erste Mal, dass mir bewusst wurde, wie sehr es mir hilft, zu wissen, wer ich bin, war in der Zeit, als ich auf der Suche nach einer Werkstudentenstelle war. Ich hatte damals Bewerbungsgespräche bei der ARD, bei E.ON und bei der *Süddeutschen Zeitung*. In allen Gesprächen fiel mir auf, dass ich durch mein Selbstbewusstsein etwas ganz Bestimmtes auszustrahlen schien. Bei der *Süddeutschen Zeitung* passierte es mir, dass mir während des Gesprächs sogar eine weiter besser dotierte Stelle als Assistent des Geschäftsführers angeboten wurde. Bei E.ON fragte man mich, ob ich mir eine Stelle vorstellen könne, die noch gar nicht geschaffen war. Warum? Offensichtlich war es mir gelungen, in den Augen der Entscheider:innen und Personalverantwortlichen wertvoll zu erscheinen. Sie erkannten und akzeptierten mein Potenzial, das ich ihnen zuvor dargelegt hatte. Zu dieser Zeit wusste ich genau, was ich diesen Unternehmen zu bieten hatte und was ich von diesen Unternehmen wollte. Ich spielte keine Rolle, sondern war ganz ich selbst. Konnte ich eine Frage nicht beantworten, sagte ich, dass ich das im Moment nicht wisse und gern darüber nachdenken würde. Ich erntete dafür nicht etwa ein Stirnrunzeln, sondern zustimmendes Nicken. Die Personaler:innen waren froh, dass jemand vor ihnen sitzt, der ehrlich ein Nichtwissen, eine Schwäche eingesteht, aber sofort zurück ins Tun findet und darüber nachdenkt.

Wenn du etwas noch nicht kannst, dann lernst du es eben.

Ich erinnere mich noch gut, als ich von einem Personaler einmal gefragt wurde, ob ich Erfahrung mit Excel habe. Hatte ich nicht und so antwortete ich: »Nein, hab ich nicht, aber das ist überhaupt kein Problem, weil ich in der Lage bin, mich schnell in Themen einzuarbeiten und mir Neues schnell anlernen kann. Ich stelle mir einfach den Wecker zwei Stunden früher, lerne mit ein paar YouTube-Tutorials und mache den einen oder anderen Onlinekurs. Ich habe außerdem ein gutes Netzwerk in der Uni, das mich dabei unterstützen kann. Auf diese Art habe ich mir einst das Programmieren in zwei Wochen beigebracht.« Danach war Excel kein Thema mehr.

Ich spürte natürlich auch, wie sich das Feedback auf mein Selbstbewusstsein auswirkte. Ich saß mit einer dermaßen breiten Brust in den Gesprächen, dass es in manchem Moment vielleicht schon ein bisschen drüber war. Aber das gehört dazu. Man darf und muss auch lernen, sein Selbstbewusstsein richtig zu dosieren. Durch mein Selbstbewusstsein lenkte ich in den Gesprächen meinen Fokus automatisch auf meine Stärken. Dass ich den Schnitt für die Realschule nicht geschafft hatte und zunächst auf die Hauptschule musste? Interessierte keinen! Stattdessen kamen Fragen zu meinen Weiterbildungen und zu den Projekten, an denen ich gearbeitet hatte.

Von da an war mir klar, wie das Bewerbungsgame läuft. Ich kam mir fast lächerlich vor, dass ich zuvor, wie viele andere, Bammel gehabt und mich darauf konzentriert hatte, die angeblich richtigen Antworten auf Bewerbungsfragen auswendig zu lernen. Nicht, dass wir uns falsch verstehen. Es gibt klassische Standardantworten, mit denen du dir Zeit im Bewerbungsgespräch verschaffen kannst. Dein größter Trumpf bleibt jedoch, zu wissen, wer du bist und was du kannst, und dies ehrlich und klar zu kommunizieren. Ich musste keine Rolle spielen oder ein Alphatier sein, das ich gar nicht bin. Ich musste mit den Unternehmen lediglich meine Motivation und meine Leidenschaft teilen. Auf dieser Erkenntnis habe ich die gesamte Karriereguru-Philosophie aufgebaut.

KREIERE EINE DISRUPTIVE BEWERBUNG

Was unterscheidet eine gute Bewerbung von einer schlechten Bewerbung? *Du* bist der Unterschied. Wer nicht weiß, was er kann, und wer nicht weiß, was er will, der bewirbt sich mit großer Wahrscheinlichkeit auf Stellen, die nicht zu ihm passen und mit denen er sich nicht wohlfühlt.

Was eine gute Bewerbung vor allem ausmacht, ist (d)eine gute Geschichte, die perfekt zur Stelle passt. Du überzeugst ein Unternehmen am ehesten mit deinen Fähigkeiten, mit deiner Motivation und deiner Persönlichkeit. Aus genau diesem Grund habe ich dir in den vorangegangenen Kapiteln gezeigt, wie du an diesen drei Punkten arbeiten kannst.

Deine Bewerbung ist kein Blatt Papier, auf dem du ein Anschreiben formulierst und einen Lebenslauf. *Du* bist die Bewerbung. *Du* hast, was sonst niemand anderes hat. Hast du das erst einmal verinnerlicht, gelingen dir Bewerbungsschreiben wie von selbst. Klar, kannst du bei deiner Bewerbung auch kreativ werden und zum Beispiel deinen Lebenslauf auf den Deckel eines Pizzakartons pinnen, den du um die Mittagszeit bei deiner künftigen Chefin oder deinem künftigen Chef vorbeibringst. Aber das ist keine disruptive Bewerbung. Es ist eine Bewerbung mit einem Showeffekt. Dieser Knall wird seine Wirkung nur dann nachhaltig entfalten können, wenn die Geschichte dazu stimmt.

Du bist die Disruption.

> Solltest du hier noch immer unsicher sein, lege ich dir gern noch einmal meinen Onlinekurs »Mission: Bewerbung!« ans Herz. Dort führe ich dich Schritt für Schritt auch durch Themen, was genau alles in dein Anschreiben gehört oder wie du deinen Lebenslauf aufbauen kannst. Schau einfach auf der-karriereguru.de vorbei.

KAPITEL 5
DIE WICHTIGSTEN TOOLS UND TECHNIKEN

Vom Bewerbungsprozess zum Traumjob

Ich habe in den Kapiteln zuvor bereits einige der Tools und Techniken erwähnt, mit denen du im Bewerbungsprozess und im Job arbeiten kannst, um deine Performance zu verbessern. In diesem Kapitel möchte ich dir die wichtigsten dieser Tools und Techniken ausführlicher vorstellen. Unter uns: Ich glaube, dass dieses Kapitel eines der hilfreichsten in meinem Buch für dich ist. Alle vorgestellten Tools und Techniken zahlen auf deine Persönlichkeitsentwicklung ein. Sie helfen dir daher nicht nur beim Legen deines Karrierefundaments und im Arbeitsalltag, sondern werden dich als Mensch insgesamt voranbringen. Konflikte, Rückschläge oder Missstimmungen und Unbehagen entstehen ja nicht nur im Job, sondern auch in privaten Beziehungen, im Umgang mit der Familie und mit Freund:innen oder aber in der Freizeit, in der du vielleicht in einem Verein engagiert bist, in dem mit einem Mal nicht mehr alles rundläuft.

Die Tools und Techniken helfen dir, dich selbst und deine Rolle in Konflikten besser einzuordnen. Sie unterstützen dich dabei, aus negativen Denk- und Verhaltensmustern auszubrechen. Sie erleichtern es dir, emotionalen Ballast abzuwerfen, und sie zeigen dir Lösungswege auf, mit denen du dein Leben wieder in Balance bringst.

Dabei arbeiten wir zumeist mit dem Prinzip des Framings. Beim Framing wird ein und dieselbe bestimmte Botschaft bewusst umgedeutet. Die Botschaft bekommt einen neuen Frame, einen neuen Rahmen. Wie ein Bild, das in einem neuen Rahmen plötzlich ganz anders wirkt als zuvor. Doch wie funktioniert Framing? Es macht zum Beispiel einen Unterschied, ob eine Politikerin oder ein Politiker vom Klimawandel oder von der Klimakatastrophe oder der Klimakrise redet. Ein und dasselbe Phänomen löst allein durch die Wortwahl ganz andere Gefühle aus. Auch in der Werbung wird gerne mit Frames gearbeitet. Etwa wenn dir ein Unternehmen ein Produkt nach dem Motto »3 zum Preis von 2« anbietet. Dabei handelt es sich um ein sogenanntes *Risky Choice Framing*. Die Kund:innen werden dabei in den Glauben versetzt, sie würden einen Verlust machen. Wenn sie nur ein Produkt kaufen, entgeht ihnen das Angebot. Sie verlieren die Chance, ein Produkt geschenkt zu bekommen. Die rationale Entscheidung, ob sie das Produkt wirklich zweimal brauchen, wird durch das Framing in den eigenen Überlegungen erst einmal zurückgedrängt.

Mittels Framing werden also deine Gedanken und Überlegungen beeinflusst. Um einen Frame handelt es sich auch, wenn eine Lotterie verspricht: 80 von 100 Teilnehmer:innen gewinnen in der Lotterie. Das klingt doch super, oder? Ehrlicher könnte es dagegen heißen: 20 Prozent aller Teilnehmer:innen verlieren ihren Einsatz. Allerdings motiviert ein solcher Frame sicherlich nicht besonders zum Loskauf.

Auch in der Arbeitswelt begegnet dir das Framing immer wieder. Vor allem wenn du im Marketing tätig bist. Dann lässt sich mit dem richtigen Framing sogar mehr Umsatz machen und Geld verdienen. Etwa, wenn aus Haferflocken plötzlich Porridge wird und du ein und dasselbe Produkt teurer verkaufen kannst, einfach nur, weil es plötzlich wertiger klingt und die Kund:innen entsprechend bereit sind, mehr zu bezahlen.

Aber ist Framing nicht Manipulation? Gut erkannt. Framing basiert tatsächlich auf Manipulation. Dabei ist das Prinzip für sich genommen weder gut noch böse. Wir versuchen durch die Manipulation einen positiven Effekt für uns zu erzielen. Es geht darum, die Perspektive zu beeinflussen, die wir gegenüber bestimmten Situationen und Sachverhalten einnehmen.

Neben klassischen Framing-Techniken biete ich dir in diesem Kapitel noch eine große Auswahl an Struktur-Tools an. Mit diesen kannst du dein

Zeitmanagement verbessern, deine Palette an Lernmethoden erweitern oder deine gesamte Persönlichkeitsentwicklung steuern.

Du wirst merken, dass die folgenden Tools und Techniken umso stärker wirken, je mehr es dir gelingt, sie tatsächlich zu verinnerlichen und miteinander in Beziehung zu setzen. Zusammen ergeben sie ein starkes emotionales Netz, das dich in schwierigen Situationen immer wieder auffängt. Los geht's.

1. »YOU'RE GONNA DIE« – DIE UHR LÄUFT RÜCKWÄRTS

Bereits in der Einleitung dieses Buches habe ich dich mit diesem Framework konfrontiert. Erinnerst du dich? Heute ist der erste Tag vom Rest deines Lebens. So habe ich es dort formuliert. Es ist eine Abwandlung des »You're gonna die!«-Prinzips. *Du wirst sterben.*

Dieser Satz ist für sich genommen eine Banalität. Wir alle wissen, dass wir sterben werden und dass der Tod nun mal zum Leben gehört. Doch etwas zu wissen und etwas im Bewusstsein zu tragen, ist etwas vollkommen anderes. Denn obwohl wir alle wissen, dass wir sterben werden, ist der Umgang mit (Lebens-)Zeit bei vielen von uns oft nachlässig. Der Gedanke an die Endlichkeit unseres Lebens hat bei den meisten Menschen keine Konsequenz. Vor allem in jungen Jahren um die 20 fühlen wir uns – auch hormonell bedingt – unsterblich. Unsere Vorstellung von Lebenszeit ist vollkommen unrealistisch.

Aus dem Gefühl der Unsterblichkeit leitet sich auch eine höhere Risikobereitschaft ab. Diese Tatsache ist an für sich nichts Schlechtes, sondern evolutionär bedingt. Es ist wichtig, dass die nachrückenden Generationen bereit sind, Risiken einzugehen, um Dinge zu verändern. Das Gefühl der Unsterblichkeit sollte jedoch nicht in einem Dauerzustand münden, sondern spätestens Mitte 20 in einen ehrlichen und realistischen Blick auf das Thema Lebenszeit übergehen.

Frage dich immer wieder, ob du das Leben lebst, das du leben möchtest.

So sehr du es auch verdrängen magst: Deine Zeit auf diesem Planeten ist begrenzt. Deine Zeit mit den Menschen, die du liebst, ist begrenzt. Deine Zeit, die du hast, um das zu tun, was du wirklich gerne machst, ist begrenzt. Du solltest dich daher fragen, ob das, was du gerade jeden Tag tust, wirklich das ist, was du tun möchtest. Und du solltest dich fragen, ob du im Augenblick genug dafür tust, um das Leben zu leben, das du leben möchtest.

In unserer Gesellschaft nehmen der Tod und das Sterben keine präsente Stellung ein. Wir neigen dazu, beides wann immer möglich weit von uns wegzuschieben. Dabei macht die Unvermeidlichkeit des Sterbens unser Leben erst wertvoll. Würden wir ewig leben, gäbe es auch keine Zeit, die wir verschwenden können. Es gibt eine Übung, mit der du dir die Endlichkeit deines Lebens in einer ungeahnten Tiefe bewusst machen kannst:

- Stelle dir eine Uhr vor.
- Diese Uhr zeigt deine Lebenszeit an.
- Diese Uhr läuft rückwärts.
- Sekunde für Sekunde.
- Minute für Minute.
- Deine Lebenszeit läuft ab.
- Dein Leben ist ein Countdown.
- Obwohl du ihn nicht kennst, wird der Zeitpunkt deines Todes kommen.

Du kannst diese Erfahrung übrigens noch verstärken, indem du die Uhr auf eine konkrete Zeit stellst. Die durchschnittliche Lebenserwartung von Frauen liegt in Deutschland bei rund 83 Jahren. Bei Männern sind es knapp 79 Jahre. Du kannst nun ganz leicht selbst errechnen, wie viel Lebenszeit dir noch bleibt. Unter dem Suchwort »Life Clock« findest du Apps, in denen du dein Geburtstag und die durchschnittliche Lebenserwartung oder dein Wunschalter eingeben kannst und in denen dir anschließend die dir verbleibende Lebenszeit angezeigt wird.

Wie fühlst du dich jetzt? Ich könnte mir vorstellen, dass dir ein wenig flau im Magen geworden ist. Kein Wunder, du hast dir gerade die Tatsache bewusst gemacht, dass du sterben wirst. Das ist keine Banalität, sondern eine tiefgreifende Erfahrung. Ich könnte mir vorstellen, dass dich neben dem flauen Gefühl im Magen auch eine gewisse Unruhe ergreift. Du würdest dieses Buch jetzt am liebsten aus der Hand legen und etwas unternehmen. Etwas, dass dir wichtig ist. Wenn dem so ist, wäre ich sehr froh. Denn genau das soll dieses Framework in dir auslösen. Es soll dich dazu bringen, darüber nachzudenken, ob und wie du deine Lebenszeit nutzen möchtest. Dinge, die dir wirklich am Herzen liegen, solltest du nicht immer wieder aufschieben. Und schon gar nicht solltest du darauf warten, dass Dinge, die du dir wünschst, von allein passieren.

Es geht mir bei diesem Framework nicht darum, dir dein abendliches *Netflix and Chill* zu vermiesen. Oder das Zocken von Games am PC oder an der Playstation. Wir alle brauchen Pausen. Und wenn du dir Zeit für derlei Dinge nimmst, weil sie dir guttun, ist das vollkommen in Ordnung. Du solltest darüber eben nur nicht die anderen Dinge vergessen, die dir auch wichtig sind und die auch wirklich mit dir zu tun haben. Dazu gehören deine Familie, deine Freund:innen und auch dein Job. Ich bitte dich daher, das »You're gonna die!«-Framework immer wieder mal einzusetzen, damit du überprüfen kannst, ob du dich in Balance mit deinen Werten und Lebenszielen befindest.

Der Gedanke an den Tod, vor allem an den eigenen Tod, kann mitunter auch eine lähmende Angst auslösen. Sollte dies bei dir der Fall sein, möchte ich dir eine Möglichkeit geben, dieser Angst etwas entgegenzustellen, um wieder ins Tun zu gelangen. Frage dich, was du gerne noch erleben würdest, wenn du wüsstest, dass du nur noch einen Monat zu leben hättest. Sollte es da einen Wunsch geben, den du dir erfüllen kannst, gehe ihn so schnell wie möglich an. Versuche ihn innerhalb der nächsten 31 Tage umzusetzen. Wenn du bisher die Auseinandersetzung mit dem Tod gescheut hast, kannst du dich diesem Thema auch mit einer Bucket-List nähern. Für eine Liste mit Dingen, die man in seinem Leben getan haben möchte, muss man nicht unbedingt 60 oder 70 Jahre alt oder todkrank sein. Im Gegenteil.

Um den Wert deiner Lebenszeit zu erkennen, empfehle ich dir außerdem, dich mit anderen Menschen zu unterhalten, was sie gerne in ihrem Leben noch unternehmen möchten. Es gibt zudem zahlreiche spannende Bücher, die von den Dingen handeln, die Menschen vor dem eigenen Tod bereuen. Vielleicht magst du mit deinen Großeltern darüber reden, ob es etwas in ihrem Leben gibt, das sie gern anders gemacht hätten. Ich bin sicher, dass es für beide Seiten wichtige und inspirierende Gespräche werden.

Diese Gespräche werden dir auch bei dem nächsten Framework helfen, das ich dir vorstelle, dem Regret-Minimization-Framework.

In Sachen Traumjob hilft dir das »You're gonna die!«-Framework dabei, diszipliniert zu bleiben und deine Ziele im Hier und Jetzt zu verfolgen und voranzubringen.

2. DAS REGRET-MINIMIZATION-FRAMEWORK – WAS BEREUST DU?

Das zweite Framework, das ich dir an die Hand geben möchte, ist das Regret-Minimization-Framework. Es soll dir dabei helfen, in Zukunft Entscheidungen leichter zu treffen und dich mit deinen Entscheidungen wohler zu fühlen. Vielleicht gehörst auch du zu den Menschen, die sich mit Entscheidungen schwertun. Der Grund hierfür liegt meist darin, dass eine Entscheidung *für* etwas in der Regel auch eine Entscheidung *gegen* etwas anderes bedeutet. In diesem Fall bewirkt die Angst etwas zu verpassen, eine Lähmung. Dieses Prinzip ist auch als FOMO, als *Fear Of Missing Out*, bekannt. Wir haben Angst, dass wir unsere Entscheidung später vielleicht bereuen könnten.

Um aus der Lähmung und in die Entscheidung zu kommen, kannst du in Zukunft mit dem Regret-Minimization-Framework arbeiten. Es geht auf den Amazon-Gründer Jeff Bezos zurück. Bevor er Amazon gründete, war Bezos bereits ziemlich erfolgreich im Finanzsektor unterwegs. Er stand damals vor der Entscheidung: Sollte er sein sehr gutes Gehalt und die sicheren

Karriereaussichten aufgeben und stattdessen seine Idee verfolgen, einen Onlinebuchhandel zu gründen? Was ihm damals bei dieser Entscheidung half, war das sogenannte Regret-Minimization-Framework. Bezos stellte sich damals die Frage: Würde mein 80-jähriges Ich es bereuen, wenn ich es nicht mit dem Onlinehandel versuche? Seine Antwort lautete: Ja. Also kündigte Bezos. Der Rest ist Geschichte.

Mit dem Regret-Minimization-Framework veränderst du die Perspektive deiner Entscheidung. In der Regel denken wir Menschen in einem sehr kurzfristigen Zeithorizont. Dabei kommen jedoch die langfristigen Folgen unserer Entscheidungen zu kurz. Wir fokussieren stattdessen bei der Entscheidungsfindung oft viel zu stark auf die unmittelbaren Folgen unseres Handelns, wie Geldverlust und Prestigeverlust, oder auf die Unsicherheit, die stets damit verbunden ist, wenn wir unser Leben verändern und aus unseren gewohnten Bahnen ausbrechen.

Mit dem Regret-Minimization-Framework können wir jedoch – in der Rolle unseres 80-jährigen Ichs – aus der Zukunft auf unser Leben zurückblicken und eine Langfristperspektive einnehmen. Typische Fragen des Regret-Minimization-Frameworks können lauten:

- Würde ich es in 60 Jahren bereuen, wenn ich mich nicht auf die Stelle in meinem Lieblingsunternehmen bewerbe?
- Würde ich es in 50 Jahren bereuen, wenn ich nicht versucht hätte, meinen Beruf noch einmal zu wechseln?
- Würde ich es in 40 Jahren bereuen, wenn ich die Chance verpasse, mit meiner Familie für ein Jahr um die Welt zu reisen?
- Würde ich es in 30 Jahren bereuen, dass ich nach der Geburt meiner Kinder meine Arbeitszeit nicht reduziert habe?
- Würde ich es in 20 Jahren bereuen, meinen Job zu kündigen und mir einen anderen zu suchen, in dem meine Leistung mehr gewürdigt wird?

Dabei gilt die Regel: Wann immer du das Gefühl hast, du würdest deine Entscheidung in der Zukunft bereuen, lass es. Wann immer dein 80-jähriges Ich jedoch keine Reue zeigt: Leg los!

Aktien sind ein perfektes Beispiel, wie das Regret-Minimization-Framework funktioniert. Stell dir vor, du hättest im Januar 2019 – vor also gerade mal drei Jahren – 1000 Euro in den Autohersteller Tesla investiert. 1000 Euro ist eine Summe, von der ich glaube, dass sie fast jeder aufbringen kann. Was wären diese 1000 Euro heute wohl wert? 14 630 Euro (Stand März 2022). Bereust du, dass du vor drei Jahren diesen Schritt nicht gegangen bist? Ich schon. Was bedeutet das für dich im Hier und Jetzt? Einerseits natürlich, dass du unbedingt in Aktien investieren solltest, wenn du ein wenig Geld übrig hast. Natürlich gibt es keine Garantie, dass sie in den nächsten drei Jahren so viel wert sein werden wie Tesla. Aber deine Verlustmöglichkeit ist auf 1000 Euro begrenzt. Die Summe, die du gewinnen kannst, dagegen nicht. Gleichzeitig bedeutet das, dass du nicht weißt, ob eine kleine risikofreudige Entscheidung in Bezug auf deinen Job vielleicht ein riesiges Potenzial in der Zukunft für dich bereithält, das du zum jetzigen Zeitpunkt noch nicht einmal erahnen kannst.

Gerade die Frage zur Arbeitszeitverkürzung bei der Familiengründung zeigt, warum das Regret-Minimization-Framework so wichtig ist. Eine solche Entscheidung ist unumkehrbar. Kinder werden nun mal nur über einen Zeitraum von zehn bis zwölf Jahren groß. Im Teenageralter werden sie immer selbstständiger und lösen sich von ihren Eltern. Sie brauchen dich schlicht nicht mehr. Und die wichtige Zeit, in der du eine starke und belastbare Bindung zu ihnen hättest aufbauen können, ist vorbei. Unwiederbringlich. Das Rad der Zeit lässt sich nicht zurückdrehen. Solltest du eines Tages Reue empfinden, dass du so wenig Zeit mit deinen heranwachsenden Kindern verbracht hast, musst du mit dieser Reue leben.

Ich hatte dir bereits beim »You're gonna die!«-Framework Gespräche mit älteren Menschen empfohlen, über die Dinge, die sie an ihrem Lebensabend bereuen. Sie können dir ein Gefühl dafür geben, worauf es im Leben wirklich ankommt. Sehr häufig bedauern Menschen, zu viel Zeit mit der Arbeit oder im falschen Job verbracht zu haben. Sie bedauern, dass sie es sich versagt haben, glücklich zu sein, weil sie sich zum Beispiel entschieden haben, den gesellschaftlichen Erwartungen oder den Erwartungen der Familie zu entsprechen, statt ihrem eigenen Weg zu folgen. Sie bedauern, viel zu wenig Zeit mit ihren Freund:innen verbracht zu haben. Und sie bedauern, dass sie zu oft ihre wahren Gefühle unterdrückt haben.

Das Regret-Minimization-Framework hilft dir dabei, Entscheidungen zu treffen, die du in Zukunft nicht oder zumindest weniger bereust. Und es hilft dir dabei, aus dem Kurzfristdenken auszubrechen und deine Karriere und dein Leben in einem viel größeren Rahmen zu denken.

3. DAS DOWNSIDE-FRAMEWORK – WAS HAST DU ZU VERLIEREN?

Mit dem Downside-Framework kannst du an deiner Fehlerkultur arbeiten. Niemand macht gern Fehler. Es gibt zwar Menschen, die ihre Fehler gern ignorieren oder überspielen oder die nicht fähig oder willens sind, die Verantwortung für ihre Fehler zu übernehmen, doch dieses Verhalten ist bereits Ausdruck eines falschen und vollkommen verkorksten Umgangs mit Fehlern. Daher halten wir erst einmal Folgendes fest: Jeder Mensch macht Fehler.

Egal, wie viel Erfahrung jemand mitbringt, Fehler sind menschlich. Was erfolgreiche von weniger erfolgreichen Menschen unterscheidet, ist der Umgang mit ihren Fehlern. Erfolgreiche Menschen akzeptieren ihre Fehler, übernehmen die Verantwortung für ihre Fehler und gehen den Fehlern auf den Grund. Sie fragen sich, was sie in Zukunft tun können, damit ihnen diese Fehler nicht wieder unterlaufen. Sie lernen aus ihren Fehlern.

Menschen mit einem noch nicht sehr stark ausgeprägten Selbstbewusstsein neigen dazu, Angst beziehungsweise Scham vor Fehlern zu entwickeln. Sie empfinden Fehler als ein Scheitern. Die Angst vor Fehlern kann sich sehr vielfältig ausdrücken. Bei einer Prüfung wird die Angst, durchzufallen, so stark, dass man kaum den Kugelschreiber in den Händen halten geschweige denn etwas schreiben kann. Die Angst vor einem Blackout bei einem Vortrag kann so lähmend sein, dass man kaum ein Wort herausbringt, sobald man oben auf der Bühne steht. Und im Meeting führt die Angst, etwas Falsches zu sagen, dazu, dass man lieber still ist, statt seine Meinung in der Runde ebenfalls beizutragen.

Das Beruhigende: Du kannst dieser Angst etwas entgegenstellen, nämlich das Downside-Framework. Die entscheidenden Fragen, mit denen du hier arbeitest, lauten:

- Was genau hast du zu verlieren?
- Was ist deine maximale Downside?

Was kann dir im schlimmsten Fall passieren, wenn du durch die Prüfung fällst? Du wirst eine schlechte Note bekommen oder in die Nachprüfung gehen müssen. Das ist unangenehm, aber kein Weltuntergang. Und leider weiß ich genau, wovon ich hier spreche (s. Kapitel 1: Die Karriereguru-Story).

Was kann dir im schlimmsten Fall passieren, wenn du einen Blackout beim Vortrag hast? Du stehst sprachlos oben auf der Bühne und alle Augen sind gespannt auf dich gerichtet. Fühlt sich doof an. Aber lass dir versichert sein: Dein Publikum wird dich nicht lautstark von der Bühne buhen. Wahrscheinlich werden dich die Zuschauer:innen insgeheim eher für deinen Mut bewundern und sich im Anschluss vielleicht sogar selbst mehr zutrauen.

Was kann dir im schlimmsten Fall passieren, wenn du im Meeting etwas Falsches oder Unangebrachtes sagst? Die Kolleg:innen weisen dich auf deinen Fehler hin oder aber sie gehen gar nicht weiter darauf ein. Vielleicht ist der eine oder die andere auch verärgert, weil er oder sie gerade zu viel um die Ohren hat und daher leicht reizbar ist. Na und? Was aber, wenn du deine Idee vorträgst, und alle sind davon begeistert?

Um das Downside-Framework zu verstärken, kannst du zusätzlich mit einem anderen psychologischen Kniff arbeiten. Wenn du spürst, dass dir ein unangenehmer Moment bevorsteht und die Angst davor immer größer wird, denke einfach an den Moment danach und verknüpfe ihn mit einer Belohnung. Solltest du beispielsweise Angst vor einem Bewerbungsgespräch haben, stelle dir vor, wie du nach dem Gespräch zu Hause sitzt und dir ein gutes Glas Wein oder ein gutes Essen gönnst. Du wirst sehen, dieser Fokus auf die Zeit danach wird deinem Angstmoment etwas von seinem Schrecken nehmen.

Aus Scham oder Angst nichts zu machen, ist immer der größere Fehler, als einen Fehler zu machen. Führen wir eine gesunde Fehlerkultur und das Downside-Framework zusammen, wird klar: Du hast eigentlich nichts zu verlieren. Egal, in welcher Situation. Du kannst nur gewinnen. Machst du einen Fehler, lernst du daraus. Dein Fehler führt dazu, dass du hinterher schlauer bist als zuvor. In meinen Augen ist das ein Gewinn. Machst du keinen Fehler, gewinnst du sowieso. Du bestehst die Prüfung, glänzt bei deinem Vortrag und überzeugst die Kolleg:innen von deiner Idee. Betrachtet man einen Fehler aus dieser Perspektive, solltest du sogar dankbar dafür sein, Fehler machen zu können. Sie bringen dich voran.

Das Schlimmste, was dir passieren kann? You're gonna die!

Persönlich möchte ich dich daher sogar ermuntern, dich aktiv in Fehler zu stürzen, um deine Expertise und dein Know-how zu entwickeln. Fordere dich immer wieder heraus, damit du neue Dinge lernen kannst. Noch mal: Keine Fehler zu machen, ist kein Zeichen von Stärke oder einer besonderen Expertise. Es bedeutet lediglich, dass eine Person sich immer auf sicherem Terrain bewegt und nicht bereit ist, Risiken einzugehen. Als Mensch und Persönlichkeit entwickelt sich diese Person nicht weiter.

Ich bin mir bewusst, dass in vielen Unternehmen noch immer nicht mit einer positiven Fehlerkultur gearbeitet wird. Stattdessen wird bei Fehlern nach einer oder einem Schuldigen gesucht, die bzw. den man zum Sündenbock machen kann. Durch das Denken in Schuld entsteht jedoch kein kreatives und produktives Arbeitsklima. Solltest du dich vom Downside-Framework und der Tatsache überzeugt haben, dass du durch Fehler nur gewinnen kannst, versuche gern auch deine Kolleg:innen von dieser neuen Sicht auf Fehler zu überzeugen. Sie wird allen guttun.

Wenn du immer nur machst, was du schon kannst, bleibst du immer nur das, was du schon bist.

4. VOM SELBSTBEWUSSTSEIN IN DIE SELBSTWIRKSAMKEIT

Würdest du dich als Person beschreiben, die mit sich selbst im Reinen ist? Die ihre Stärken und Schwächen kennt und akzeptiert? Und die Vertrauen in ihre Fähigkeiten hat? Würdest du dich als Person beschreiben, die bereit ist, jeden Tag zu lernen? Die Verantwortung für sich selbst übernimmt? Bist du jemand, der seine Bedürfnisse äußert und auslebt? Der aber auch in der Lage ist, sich zurückzunehmen, wenn es die Situation erfordert? Und magst du dich selbst?

Falls du all diese Fragen mit einem klaren Ja beantworten kannst, sage ich: Herzlichen Glückwunsch, du kannst gerne weiterblättern. Offensichtlich bist du bereits sehr selbstbewusst.

All diese Fragen drehen sich um ein und dasselbe Thema: dein Selbstbewusstsein.

Viele Menschen glauben noch immer, dass Selbstbewusstsein eine Charaktereigenschaft sei. Entweder besitzt man diese Anlage. Oder eben nicht. Diese Sichtweise ist falsch. Menschen, die so denken, verwechseln meist die Extrovertiertheit mit dem Selbstbewusstsein. Und sie interpretieren die schüchterne Zurückhaltung einer introvertierten Person als Ausdruck von fehlendem Selbstbewusstsein. Extrovertierte Menschen, die sich in jedem Raum in den Vordergrund spielen und lautstark auf sich aufmerksam machen, sind nicht automatisch selbstbewusst. Geltungsdrang ist kein Kriterium für ein ausgeprägtes Selbstbewusstsein. So wie Schüchternheit kein Kriterium für ein schwaches Selbstbewusstsein ist. Doch was ist Selbstbewusstsein dann?

Dazu solltest du vielleicht noch wissen, dass rund 80 Prozent unseres Denkens unbewusst ablaufen. Umso wichtiger ist, was wir dem Unterbewusstsein durch Reflexion und Erkenntnis anbei stellen.

Der Begriff Selbstbewusstsein setzt sich aus drei Wörtern zusammen, mit denen alle Dimensionen des Gesamtbegriffs umrissen werden: *Selbst. Bewusst. Sein.* In unserem Selbstbewusstsein spiegelt sich die Tatsache, wie sehr wir uns unserer selbst bewusst sind. Und wie sehr wir davon überzeugt sind, unser Sein, unsere Existenz, bewusst selbst gestalten zu können.

Selbstbewusstsein ist eine innere Stärke, die nach außen strahlt.

Solltest du dich selbst als schüchtern und introvertiert beschreiben, und daraus ableiten, dass du wenig Selbstbewusstsein hast, bitte ich dich, dich zusätzlich intensiv mit dem Schwächen-sind-Stärken-Reframing auseinanderzusetzen (s. Seite 115). Deine Introvertiertheit ist keine Schwäche. Sie sorgt nur dafür, dass sich dein Selbstbewusstsein anders äußert. Dein Bedürfnis, wie du dein Selbstbewusstsein kommunizierst, ist einfach anders ausgeprägt als bei einer extrovertierten Person.

Selbstbewusste Menschen kennen die Antworten auf die folgenden Fragen: Wer bin ich? Was kann ich?

Sie wissen also um ihre Persönlichkeit sowie um ihre Stärken und Schwächen. Aus diesem Wissen leiten sie Selbstsicherheit und Selbstvertrauen ab. Und ihren Selbstwert. Da selbstbewusste Personen ihren Wert kennen, sich ihres Wertes bewusst sind, haben sie weniger Scheu, ihre Bedürfnisse zu äußern und zu befriedigen. Sie nehmen sich, was sie verdient haben, was ihnen zusteht.

Das ist übrigens nicht zu verwechseln mit egoistischen Personen, die sich alles nehmen, was sie kriegen können.

Aus der Selbstsicherheit und dem Selbstvertrauen – »Ich kann das. Ich schaffe das.« – leitet sich wiederum der Mut her, Neues anzupacken. Menschen sind immer dann am kreativsten, wenn sie sich sicher fühlen. Wenn sie wissen, dass sie nach einem Scheitern an einen ihnen vertrauten Ort zurückkehren können. Stellt ein Scheitern dagegen die gesamte Existenz infrage, verhalten sich Menschen wie gelähmt. Aus diesem Grund können Menschen unter Druck nicht dauerhaft kreativ sein.

Je ausgeprägter das Selbstbewusstsein ist, je besser jemand mit seiner Persönlichkeit und seinen Fähigkeiten vertraut ist, desto eher ist er auch bereit, Verantwortung für sich selbst zu übernehmen. Er begreift sich als selbstwirksam, als Mensch, der sich selbst und sein Leben im Griff hat. Selbstbewusste Menschen sind sich zwar bewusst, dass ihre Selbstwirksamkeit Grenzen hat, sie leiten daraus jedoch keine Opferrolle ab, sondern fragen sich: Was kann ich tun, um meine Situation besser zu machen?

Wie du vielleicht schon gemerkt hast, haben wir uns in den ersten Kapiteln dieses Buches vor allem mit den Dingen beschäftigt, die du selbst tun kannst, um dein Selbstbewusstsein zu stärken. Neben deinem Selbstbild spielt jedoch auch dein soziales Umfeld eine wichtige Rolle bei der Entwicklung deines Selbstbewusstseins. Ohne Feedback anderer Menschen, etwa durch Komplimente, Anerkennung, Liebe, Lob, aber auch Kritik, kann dein Selbstbewusstsein nicht wachsen. Es ist daher wichtig, dass du toxische Beziehungen und Umgebungen meidest.

Du kannst jedoch auch mit ganz einfachen Mitteln an deinem Selbstbewusstsein arbeiten. Etwa durch deine Körpersprache. Versuche doch einmal, dich einen Tag lang ganz bewusst mit geschwellter Brust zu bewegen. Du musst dabei nicht posen wie eine Bodybuilderin oder ein Bodybuilder. Es reicht, dass du den Rücken durchdrückst, deine Brust nach vorn ziehst und Präsenz zeigst. Analysiere am Ende dieses Tages, wie du dich gefühlt hast und ob du vielleicht sogar eine Veränderung bei deinen Kolleg:innen im Umgang mit dir wahrgenommen hast. Das kann ein anerkennender Blick oder ein freundliches Lächeln sein. Ich würde mich nicht wundern, wenn du nicht mindestens eine positivere Energie über den Tag gespürt hast.

Du kannst dein Selbstbewusstsein mittels Körpersprache auch vor einem Vortrag mit Energie aufladen. Stelle dich dazu einfach in Superman-Pose für eine Minute vor einen Spiegel. Atme tief durch und spüre, wie du Sekunde um

Sekunde Kraft sammelst. Um in eine fröhliche Stimmung zu kommen, kannst du dich eine Minute lang im Spiegel anlachen. Selbst ein aufgesetztes Lachen sorgt dafür, dass dein Körper Endorphine – Glückshormone – produziert, und du dich besser fühlst.

Ich weiß, dass man sich in dieser Situation am Anfang unheimlich dumm vorkommt. Auf keinen Fall möchte man dabei erwischt werden, wie man vor dem Spiegel steht und Lachgrimassen zieht. Zieh es trotzdem durch. Ich würde mich nicht wundern, wenn du merkst, wie sich dein aufgesetztes Lachen in ein echtes verwandelt. Lachen ist ansteckend. Noch etwas: In Studien hat man herausgefunden, dass selbstbewusste Menschen gern und häufiger über sich lachen.

Auch in Sachen Selbstbewusstsein ist am Ende des Tages Balance wichtig. Ein übersteigertes Selbstbewusstsein kann in Gefallsucht und Profilneurosen münden. Auch eine ausgeprägte Arroganz, das Denken, man sei etwas Besseres, ist Ausdruck eines ungesunden Zuviels an Selbstbewusstsein. Gelingt es dir jedoch, dein Selbstbewusstsein im richtigen Maß zu stärken, wirst du sehen, wie sehr dir das im Beruf und im Leben weiterhilft.

Viele Dinge scheinen fortan wie von allein zu laufen. Genieße dieses Gefühl, aber höre nicht auf, an dir zu arbeiten. So wie es gekommen ist, verfliegt dieses Glück sonst wieder.

5. DIE BEFREIUNG AUS EMOTIONALEN ABHÄNGIGKEITEN

Emotionen sind gut. Sie sind ein nützlicher Hinweisgeber, ob der Weg, den du eingeschlagen hast, noch der richtige ist. Es ist daher wichtig, dass du dich mit deinen Gefühlen auseinandersetzt. Vielleicht erinnerst du dich: Bei mir hat mein Bauchgefühl auf vielen meiner ersten Karrierestationen dafür gesorgt, dass ich aufhörte, in die falsche Richtung zu laufen.

Emotionen können jedoch auch eine negative Kraft entfalten. Dies geschieht immer dann, wenn wir uns in eine emotionale Abhängigkeit begeben. Solche emotionalen Abhängigkeiten entstehen, wenn wir aufhören, in Möglichkeiten zu denken. Stattdessen fangen wir an zu sagen:

- »Ich kann ohne Kaffee am Morgen nicht leben.«
- »Ich brauche den Job bei BMW, um glücklich zu werden.«
- »Ich brauche mich gar nicht anstrengen, mein:e Chef:in honoriert meine Leistung eh nicht.«

Hänge dein Glück nicht an nur eine einzige Option.

Durch den Fokus auf nur noch eine Möglichkeit, entsteht eine emotionale Abhängigkeit, die dir nicht guttut. Denn natürlich kannst du ohne Kaffee am Morgen leben. Und ich bin sicher, dass es sehr viele Unternehmen gibt, in denen du deine Vorstellung von einem Traumjob leben kannst. Und ja, vielleicht honoriert dein:e Chef:in deine Leistung nicht. Aber du arbeitest ja nicht nur, um deine:n Chef:in glücklich zu machen. Du arbeitest, um deine beruflichen Ziele zu verwirklichen und deine Expertise zu steigern. Gelingt dir das, steigen auch deine Chancen, dass deine Leistung doch noch anerkannt wird. Vielleicht auch in einem anderen Unternehmen?

Das Thema emotionale Abhängigkeit spielt auch im Bewerbungsprozess eine wichtige Rolle. Schreibst du nur eine oder zwei Bewerbungen, muss eine davon erfolgreich sein, damit du dich nicht mit den negativen Folgen einer Absage beschäftigen musst. Von außen betrachtet, ist die Wahrscheinlichkeit jedoch nicht sehr hoch, dass du bereits mit zwei Bewerbungen an dein Ziel kommst. Würdest du zehn Bewerbungen abschicken, steigt die Wahrscheinlichkeit deutlich, zum Bewerbungsgespräch eingeladen zu werden und den Job zu bekommen. Verschickst du 100 Bewerbungen, erhöhst du deine Unabhängigkeit noch einmal um ein Vielfaches. Einer möglichen Absage stehen jetzt noch 99 Bewerbungen gegenüber, die zum Ziel führen können. Maximale Frequenz ist in vielerlei Hinsicht deine beste Möglichkeit, dich aus emotionalen Abhängigkeiten zu befreien. Je mehr potenzielle Alternativen du dir selbst schaffst, desto stabiler und sicherer bewegst du dich im Job und im Leben.

Das gilt so übrigens auch für deine Expertise. Eine absolute Spezialistin oder ein absoluter Spezialist in einem Fach zu sein, ist sicherlich nicht schlecht. Wird diese Expertise allerdings eines Tages nicht mehr nachgefragt, musst du komplett umdenken. Ich empfehle dir, dass du trotz Spezialisierung im Job offenbleibst und anderen Interessen nachgehst und dir so eine zweite und dritte Expertise aufbaust.

6. DAS SCHWÄCHEN-SIND-STÄRKEN-REFRAMING

Ist Geiz in deinen Augen eine Stärke oder eine Schwäche? Ich schätze mal, dass du der allgemeinen Auffassung folgst und Geiz als negativ ansiehst. Geizig? So will niemand genannt werden. Wie verhält es sich nun jedoch mit der Sparsamkeit? Ist diese eine Stärke oder eine Schwäche? Sparsam zu sein, ist nicht verkehrt, oder? Wer sparsam ist, hat Reserven im Notfall, sorgt vor und handelt umsichtig.

Worin genau unterscheiden sich nun aber der Geiz und die Sparsamkeit? Wer sparsam ist, hält das eigene Geld zusammen. Wer geizig ist, ebenfalls. Sind sparsam und geizig etwa doch ein und dasselbe? Natürlich nicht. Es gibt einen guten Grund, warum wir die Sparsamkeit als erstrebenswert ansehen und den Geiz verteufeln: Der Geiz ist eine extreme Form der Sparsamkeit.

Dieses Framing lässt sich auch mit anderen Tugenden durchspielen. Nehmen wir beispielsweise die Vorsicht. Für sich genommen ist auch die Vorsicht eine Stärke. Vorsichtige Menschen bedenken und begrenzen Risiken. Sie sorgen für Sicherheit. Ist die Vorsicht jedoch extrem ausgeprägt, verwandelt sie sich in Feigheit. Feigheit lähmt und ist somit eine Schwäche, die dich in deiner Persönlichkeitsentwicklung hemmt.

Solltest du keine extrem ausgebildeten Eigenschaften haben, ist alles in Ordnung und du hast eigentlich keine Schwächen. Aber natürlich ist unser Selbstbild mitunter ein wenig verzerrt. Wir wünschen uns manchmal ja doch, uns weiterzuentwickeln und die Vorsicht beispielsweise ein bisschen stärker

Deine Schwächen machen dich stärker als deine Stärken.

Richtung Mut zu verschieben. Oder aber wir werden im Job mit Anforderungen konfrontiert, denen wir (noch) gerecht werden müssen. Auch in Bewerbungsgesprächen spielt das Thema Schwächen immer wieder eine Rolle. In allen genannten Fällen hilft dir das richtige Framing dabei, deine Schwächen für dein Gegenüber in Stärken zu verwandeln. Stell dir vor, du leidest wie ich daran, bei Vorträgen sehr nervös zu werden. Welche Möglichkeiten hättest du nun, diese Schwäche so zu framen, dass eine Stärke daraus wird? Ich zeige dir drei Varianten:

Variante 1: Du benennst deine Schwäche und erklärst gleichzeitig, wie du konkret an deiner Schwäche arbeitest: »Ich tue mich schwer damit, Vorträge vor Publikum zu halten, weil mich das in der Regel sehr nervös macht. Vor sechs Monaten habe ich deshalb damit begonnen, aktiv an meinen Rhetorik- und Präsentationsskills zu arbeiten, und fühle mich seither bereits deutlich sicherer.«

Variante 2: Du benennst deine Schwäche und zeigst einen Weg auf, mit dem du deine Schwäche umgehst: »Aufgrund meiner eher introvertierten Art fällt es mir im Team nicht immer leicht, meine Meinung kundzutun. Deshalb suche ich bereits im Vorfeld 1-zu-1-Kontakt zu den Kolleg:innen, um wichtige Themen anzusprechen und mir so Rückendeckung zu holen.«

Variante 3: Du machst aus deiner Schwäche einfach gleich eine Stärke: »Ich bin introvertiert. Mein maximales Potenzial entfalte ich daher vor allem dann, wenn ich für mich allein arbeiten kann. In der Ruhe liegt bei mir die Kraft. Das bedeutet nicht, dass ich nicht teamfähig bin, ganz im Gegenteil. Ich stimme mich stets sehr eng mit den Kolleg:innen ab und weiß den gemeinsamen Umgang sehr zu schätzen. Wenn ich ungestört bin, kann ich allerdings viel konzentrierter arbeiten.«

Nur wenn du dir deiner Schwächen bewusst wirst und ehrlich zu ihnen stehst, hast du eine Chance, als der Mensch gesehen zu werden, der du bist. Du selbst hast außerdem die Möglichkeit, an deinen Schwächen zu arbeiten und ihnen einen Frame zu verpassen, der dich nicht herabsetzt oder abwertet. Am Ende machen dich deine Schwächen so stärker als deine Stärken.

7. KAIZEN – VERBESSERE DICH SCHRITT FÜR SCHRITT

Kaizen ist eine Philosophie, die in Japan beim Autohersteller Toyota entwickelt wurde. Ziel der Methode ist es, in einem Unternehmen einen Prozess in Gang zu bringen, der eine kontinuierliche Verbesserung ermöglicht. Statt sofort das große Ganze infrage zu stellen, sorgt Kaizen jeden Tag für kleine Verbesserungen. Mit der Zeit wachsen sich diese vielen Verbesserungen dann zu großen Veränderungen aus. Doch wie funktioniert Kaizen?

Der Kaizen-Prozess besteht aus vier Zyklen:

1. planen und Ziele setzen
2. machen oder ausführen
3. prüfen oder analysieren
4. handeln oder anpassen

Alles beginnt mit einem Plan und Zielen, die mit dem Plan erreicht werden sollen. Dieser Plan wird in die Tat umgesetzt. Anschließend erfolgen eine Prüfung und Analyse des Plans und der Umsetzung. Wurden alle Ziele erreicht? Was hat nicht funktioniert wie gewollt? Diese Erkenntnisse lösen wiederum eine Handlung aus. Es werden Anpassungen vorgenommen, die in einem neuen Plan münden. Der Zyklus beginnt von vorn.

Der Erfolg der Kaizen-Methodik liegt darin begründet, dass sie aus dem sonst eher verbreiteten linearen Prozessdenken ausbricht. Es geht beim Kaizen darum, Schritt für Schritt zurückzulegen. Das *kai*, also der Wandel, die Verbesserung, sind notwendig, um im *zen*, also im Gleichgewicht, zu bleiben. Beides bedingt einander. Während in unserer westlichen Kultur Veränderung oft als zerstörerisch angesehen wird, steht beim

Gehe lieber zehn kleine, sichere Schritte, als bei einem großen Schritt zu stolpern.

Kaizen der Wandel für die Notwendigkeit, um in der Balance zu bleiben. Doch wie kannst du mit der Kaizen-Methode praktisch arbeiten? Was kannst du aus dieser Methode für deinen Joballtag ableiten? Ganz einfach: Versuche auch du, jeden Tag ein bisschen besser zu werden. Zum Beispiel mit diesen sechs Tipps:

Tipp 1: Investiere Zeit in deine Expertise

Nimm dir jeden Tag eine Stunde Zeit, um in deine Expertise zu investieren. Lies zum Beispiel ein Fachbuch, die Biografie eines Menschen, den du bewunderst, oder höre einen Podcast zu einem Thema, das dich gerade in deinem Job beschäftigt. Das kannst du im Bett machen, am Frühstückstisch oder auf dem Weg in die Schule, in die Uni oder zur Arbeit.

Sollte durch deinen Kopf gerade der Gedanke zucken: »Eine Stunde? So viel Zeit habe ich nicht«, muss ich dich leider enttäuschen. Du hast diese Zeit. Du musst sie dir nur nehmen. Stell deinen Wecker in Zukunft einfach eine Stunde eher. Und sieh diese Zeit nicht als verloren an. Du investierst diese Stunde in dich selbst.

Statt eines Buches oder eines Podcasts kannst du die Zeit auch nutzen, um mit deiner Partnerin oder deinem Partner oder einer Freundin oder einem Freund ein Arbeitsproblem zu besprechen. Du kannst um Rat fragen und erhältst vielleicht neue Lösungsmöglichkeiten, die dir selbst noch nicht in den Sinn gekommen sind. Womöglich hilft dir das Gespräch, das Problem aus einem anderen Blickwinkel zu betrachten. Auch so, durch aktive Kommunikation, investierst du in deine Effizienz.

Tipp 2: Arbeite mit To-do-Listen

Setze dir jeden Tag Ziele. Fertige eine To-do-Liste mit allen Dingen an, die du erledigen oder an denen du arbeiten möchtest. Die meisten verbinden mit einer To-do-Liste den Zwang, sie komplett abzuarbeiten. So sollte eine To-do-Liste nicht funktionieren. Eine echte To-do-Liste besteht neben den Tasks (Zielen) aus Prioritäten (Tasks der Wichtigkeit nach geordnet) und aus einem Zeitfenster für jeden Task. Arbeite wirklich nur so lange an einem Task, wie du dafür vorgesehen hast – selbst wenn du in der Zeit nicht fertig werden solltest. Warum? Nur so kannst du in Zukunft eine realistische Vorstellung entwickeln, wie viel Zeit du für eine Aufgabe brauchst.

Gerade wenn du noch nicht so viel Berufserfahrung hast oder eine Aufgabe zum ersten Mal erledigen musst, tust du dich damit vielleicht noch schwer. In der Regel planen wir mit viel zu wenig Zeit. Die Folge: Am Ende des Tages hast du nicht alles geschafft, was du dir vorgenommen hattest. Ein blödes Gefühl, dass einen nur zu leicht in eine negative Gedankenspirale ziehen kann: »Heute war ich nicht gut. Ich habe nichts geschafft. Ich habe schlecht gearbeitet.«

Dabei stimmt das nicht. Du hast lediglich die Zeit, die du für deine Aufgaben benötigst, nicht richtig eingeschätzt. Legst du vorher das Zeitfenster fest, in dem du an jedem deiner Tasks arbeitest, und hältst dich daran, wirst du schnell ein besseres Gefühl dafür entwickeln, wie lange du für eine bestimmte Aufgabe wirklich brauchst. Das bewusste Aufhören hilft dir dabei.

Nur durch das bewusste Aufhören mit einem falsch geplanten Task hast du die Chance, wenigstens die anderen Tasks deines Tages zu erledigen. Vorausgesetzt, du lagst hier bei deiner Zeiteinschätzung richtig. Hörst du nicht auf, bringst du unweigerlich auch alle anderen Tasks und deinen ganzen Tag durcheinander. Gestehe dir immer zu, dass du Dinge erst lernen musst. Niemand kommt auf die Welt und kann bereits alles.

Untersuchungen haben ergeben, dass sich mit einem strukturierten Tag die Produktivität um bis zu 25 Prozent erhöhen kann. Nicht schlecht, oder?

Auch das folgende Rechenbeispiel zeigt dir, wie viel du mit vermeintlich kleinen Schritten erreichen kannst. Stell dir vor, du liest jeden Tag für eine Stunde. In dieser Stunde schaffen normale Leser:innen 30 bis 40 Seiten. Ein rund 200 Seiten starkes Buch hast du also in einer Woche geschafft. Theoretisch schaffst du es mit einer Stunde Lesen am Tag also, um die 50 Bücher im

Jahr zu lesen. Wusstest du, dass man, um einen Doktortitel abzulegen, durchschnittlich zwischen 30 und 50 Bücher pro Jahr lesen muss? Mit der kleinen Investition von einer Stunde am Tag eignest du dir in einem Jahr also das Äquivalent eines Doktortitels in einem bestimmten Feld an.

Tipp 3: Eat the Frog

Stell dir vor, du bekommst 1000 Euro dafür, einen Teller leerzuessen. Auf diesem Teller liegen lauter Leckereien, die du gerne isst. Und ein Froschschenkel. Womit fängst du an? Was würdest du als Erstes essen? Die Leckereien? Oder den Froschschenkel?

Iss den Frosch. Dann hast du es hinter dir und kannst die anderen Sachen wirklich genießen. Würdest du erst das essen, was du gerne magst, würde in deinem Hinterkopf immer der Gedanke an den Froschschenkel herumgeistern und dir die Lust an den übrigen Leckereien nehmen.

Es lohnt sich auch im Arbeitsalltag, immer mit der unangenehmsten und schwierigsten Aufgabe zu beginnen. Sobald du diese Aufgaben hinter dich gebracht hast, wird sich deine Produktivität noch einmal um bis zu 50 Prozent erhöhen. Einfach, weil du dich befreit fühlst und dir die Aufgaben ohnehin leichter von der Hand gehen.

Tipp 4: Nutze passive Zeiten

Zeit ist eine deiner wichtigsten Ressourcen. Wie du mit dieser Ressource umgehst, entscheidet maßgeblich über deinen beruflichen Erfolg. Dank der Digitalisierung haben wir mittlerweile alle zu jeder Zeit Zugriff auf enorme Mengen an Wissen. Nutze diesen Zugriff. Höre dir, wann immer du kannst, Podcasts oder YouTube-Dokumentationen und -Tutorials an. Das kann auf einer Zugfahrt sein oder wenn du im Bus unterwegs bist. Selbst beim Joggen kannst du statt Musik einfach auch mal einen Podcast in deinem Ohr laufen lassen. Solltest du glauben, dass du in dieser Zeit nicht besonders konzentriert oder aufnahmefähig bist, belehrt dich die Wissenschaft eines Besseren. Die passive Aufnahme von Inhalten ist von der Effektivität her nahezu identisch mit dem aktiven Zuhören.

Tipp 5: Hinterfrage dich

Zur Kaizen-Methode gehört immer die Analyse: Habe ich meine Ziele erreicht? Was kann ich besser machen? In einem Unternehmen, das ein konkretes Produkt produziert, sind diese Fragen einfach in die Praxis umzusetzen: Fährt unser Auto so schnell, wie gewünscht? Erfüllt unsere Software den vorgesehenen Zweck? Schmeckt unser Erfrischungsgetränk so, wie wir uns das vorgestellt haben? Sorgt unsere Werbekampagne für den Bekanntheitsgrad, den wir erreichen wollen?

Im privaten Kontext bist jedoch du das Produkt, an dem du arbeitest. Um in die regelmäßige Analyse zu kommen, empfehle ich, dir ein Notizbuch zuzulegen. In diesem Notizbuch notierst du alle wichtigen Ereignisse im sozialen, beruflichen oder schulischen Kontext. Solche Ereignisse können sein:

- Prüfungen und Klausuren
- Umgang mit Kolleg:innen, Mitschüler:innen oder Freund:innen
- Umgang mit Problemen
- Feste und Aktivitäten
- Projekte
- Vorträge und Präsentationen
- Krankheiten
- Gehaltsverhandlungen

Zu jedem Ereignis, dass du in deinem Heft notierst, kannst du dir zwei Fragen stellen:

- Was habe ich richtig gemacht?
- Was würde ich beim nächsten Mal anders machen?

Mit den Erkenntnissen, die du aus diesen Fragen gewinnst, kannst du nun deinen ursprünglichen Plan ändern und den nächsten Kaizen-Zyklus starten. Wichtig ist, dass du deinen Plan tatsächlich anpasst. Probiere neue Ansätze und Ideen aus. Wenn deine Gehaltsverhandlung gescheitert ist, musst du dich fragen, woran es lag. Hattest du nicht genügend Argumente auf deiner Seite? Warst du nicht überzeugend genug? Hast du zu einem falschen, da wirtschaftlich schwierigen Zeitpunkt nach mehr Gehalt gefragt? Ist dein:e geizige:r Chef:in das Problem? Egal, was deine Analyse ergibt, probiere beim nächsten Mal eine neue Taktik aus. Warte nicht darauf, dass sich deine Kolleg:innen oder Vorgesetzen ändern und endlich einsehen, dass dir eine Gehaltserhöhung zusteht. Zu den Verbesserungen, an denen du arbeitest, gehört eben auch, wie man schwierige Vorgesetzte manipuliert und auf die eigene Seite zieht. Zur Verbesserung kann natürlich aber auch gehören, dass du die Stelle gleich ganz wechselst und du ein Umfeld suchst, das deine Leistung so wertschätzt, wie du es für angemessen hältst.

Tipp 6: Analysiere deinen Fortschritt

Zum Glück hast du bereits ein Notizheft. Dieses brauchen wir auch bei der Analyse deines Fortschritts. Nimm dir jeden Abend die Zeit, um zu reflektieren, was du an diesem Tag erreicht hast. Dafür reichen fünf Minuten vollkommen aus. Nimm dir dein Notizheft und trage dort deinen subjektiv wahrgenommenen Leistungszuwachs in Prozent ein. Hattest du das Gefühl, dass du einen großen Sprung gegenüber dem Vortag gemacht hast? Oder stagnierte deine Leistung? Oder war sie sogar schlechter? Das alles passiert und ist normal. Es gibt zum Beispiel Tage, in denen du gar keine Möglichkeit hast, deine Fähigkeit anzuwenden. Sie werden an diesem Tag nicht gebraucht. Du wirst mitunter auch feststellen, dass es Tage gibt, an denen du große Sprünge machst. Freu dich darüber und genieße diese Erfolge. Hinterfrage jedoch besonders die Tage, an denen du gar nicht produktiv sein konntest. Solltest du in deiner Leistungsfähigkeit und Effizienz massiv zurückgeworfen werden, ist das ein Alarmsignal.

Du hast dich dann womöglich überfordert. Etwas später in diesem Kapitel, werden wir uns noch mit dem Thema Zeitmanagement und der Wichtigkeit von Pausen beschäftigen. Erholung und das Tanken von Kraft sind wichtiger Bestandteil von Verbesserungsprozessen. Ohne die Energie und die Freude für deine Arbeit kannst du nicht besser werden.

Wichtig ist, dass deine Einschätzungen realistisch sind und du ehrlich zu dir bist. Ziehe nach jeder Woche eine Querbilanz, um zu ermitteln, ob du tatsächlich Fortschritte gemacht hast. Sollte es nicht der Fall sein, gehe in die Analyse und frage dich: Warum habe ich mich nicht verbessern können? Fehlt dir eine bestimmte Expertise? Hast du zu wenig Pausen gemacht? Waren deine Ziele womöglich nicht realistisch? Nimm die Erkenntnisse in die nächste Woche und versuche sie umzusetzen.

Wie weit du mit der Methode der kleinen Schritte kommen könntest, zeigt das folgende Beispiel. Stell dir vor, du könntest deine Produktivität jeden Tag um 0,1 Prozent steigern. Rechnet man diesen Produktionszuwachs auf fünf Arbeitstage in der Woche um, müsstest du deine Produktivität in der Woche um 0,5 Prozent steigern. Klingt machbar, oder? Doch was bewirken diese kleinen Schritte aufs Jahr gerechnet? Satte 26 Prozent Wachstum. In zehn Jahren steigert sich deine Produktivität durch den Zinseszinseffekt auf 1004 Prozent. Würde sich dein Gehalt in dieser Zeit entsprechend entwickeln, hättest du aus einem anfänglichen Jahresgehalt von 35 000 Euro ein Jahresgehalt von mehr als 350 000 Euro gemacht. Nicht schlecht, oder?

8. DAS NO-ZERO-DAYS-FRAMEWORK – NUTZE JEDEN TAG

Das No-Zero-Days-Framework hilft dir, endlich loszulegen und mit der Prokrastination Schluss zu machen – ohne dass du dafür Tag und Nacht arbeiten musst. Nehmen wir als Beispiel das Lernen für eine wichtige Klausur. Mit einer 2 als Note würdest du einen echt guten Durchschnitt in deinem Vordiplom haben. Die Klausur steht in zwei Monaten an. Du hast also noch jede Menge Zeit. Denkst du. Die Zeit nutzt du, um zum Beispiel mit Freund:innen coole Sachen zu unternehmen oder einfach das zu machen, worauf du Lust hast. Einen Monat später wird dir bewusst, dass du noch einen Monat hast. So langsam solltest du mal anfangen, zu lernen, denkst du dir. Du holst deine Bücher raus, schaust zwei Stunden rein, machst dir ein paar Notizen. In den nächsten zwei Wochen bist du wieder mit deinen Freund:innen unterwegs, machst Sport und tausend andere Sachen. Ein schlechtes Gewissen wegen deiner Klausur? Fehlanzeige! Du hast schließlich schon ein bisschen was gemacht. Dieser Zustand hält ungefähr sechs bis vier Tage vor dem Klausurtermin an. Die Prüfung, die du bisher erfolgreich verdrängt hast, wird immer präsenter in deinem Kopf. Deine Motivation, endlich zu lernen, steigt von Tag zu Tag. Das Problem: Du hast kaum noch Zeit fürs Lernen übrig. Du musst für einen anderen Kurs noch eine Präsentation vorbereiten. Und dann ist da auch noch die Geburtstagsparty deines besten Freundes am Wochenende. Da darfst du nicht fehlen. Du entdeckst in den Tagen vor der Klausur plötzlich lauter Verpflichtungen, die sich nicht verschieben lassen. Mit Ach und Krach schaffst du es in den drei Tagen vor der Klausur, ein paar Stunden Binge-Learning einzubauen. Bis spät in die Nacht. Bei der Klausur fühlst du dich weder gut vorbereitet, noch bist du ausgeruht. Die Note 2, wie von dir angestrebt, wird es am Ende leider nicht.

Mit dem No-Zero-Days-Framework durchbrichst du diesen Teufelskreis. Ähnlich wie beim Kaizen arbeitest du dich hier Schritt für Schritt vorwärts. Grundlage des No-Zero-Days-Frameworks ist immer ein Ziel. In unserem Fall: Ich will in meiner Klausur die Note 2 schreiben. Im nächsten Schritt musst du die Aufgabe definieren, die nötig ist, um dein Ziel zu erreichen. In unserm Beispiel könnte die Aufgabe lauten: Ich will jeden Wochentag für meine Klausur lernen. Nun musst du im dritten Schritt nur noch festlegen, wie lange du lernen möchtest: 15 bis 30 Minuten. Das ist alles.

Das No-Zero-Days-Framework eignet sich perfekt für Menschen, die auf eine ausgewogene Work-Life-Balance Wert legen. Mit diesem Prinzip lassen sich nämlich Pflicht (Studium/Job) und Kür (Freizeit/Hobbys) perfekt aufeinander abstimmen und verbindlich planen.

Ziehst du diesen Plan durch, wirst du sehen, dass du dich nicht nur besser vorbereitet fühlst, sondern nicht einmal das Gefühl hast, besonders viel gelernt zu haben. Du hast nicht versucht, alles auf einmal zu erledigen, was dich sehr viel Kraft und Energie kostet. Vielmehr hast du Schritt für Schritt deine Aufgabe erledigt und keinen Tag verschenkt. Dabei ist es erst einmal unwichtig, wie lange du am Tag für dein Ziel aufbringst. Wichtig ist vor allem, dass es keine

Nullertage gibt, bis du dein Ziel erreicht hast. Natürlich sollten Zeitaufwand und Zielhorizont zueinander passen. Es ist schlicht unrealistisch zu sagen »Ich möchte in drei Monaten Millionär sein«, und zehn Minuten am Tag an diesem Ziel zu arbeiten.

Das No-Zero-Days-Framework noch einmal in Kürze:

1. Formuliere ein Ziel.
2. Lege fest, was du tun musst, um das Ziel zu erreichen.
3. Definiere die Zeit, die du täglich an deinem Ziel arbeiten willst.

Das No-Zero-Days-Framework funktioniert nicht nur im Studium und im Job besonders gut, sondern auch beim Sport. Sportmuffel neigen dazu, sich am Anfang viel zu viel zuzumuten. Sie überfordern und überlasten sich – wie Binge-Lernende vor der Klausur. Logisch, dass die Motivation schnell wieder in den Keller sinkt. Viel besser wäre es, sich zu sagen, ich will jeden Tag zehn Minuten Sport machen. Auch beim Erlernen einer neuen Sprache ist das No-Zero-Days-Framework perfekt. Jeder hat die Zeit, zehn Minuten am Tag in einen Kurs zu investieren. Dabei ist nicht entscheidend, wie groß die Fortschritte sind, die du täglich machst, sondern wie groß die Summe deiner Fortschritte nach einem oder zwei Monaten ist.

9. LERNE, NEIN ZU SAGEN

Warum fällt es so vielen Menschen schwer, Nein zu sagen? Und warum ist das Neinsagen so wichtig? Wer immer Ja sagt, stellt seine eigenen Bedürfnisse hintan. Grund dafür ist meist die Angst, dass das Gegenüber ein Nein als Ablehnung auffassen könnte. Man möchte sein Gegenüber nicht verletzen oder verstimmen. Also sagt man lieber Ja. Auch kann im fehlenden Neinsagen die diffuse Furcht mitschwingen, in Zukunft selbst abgelehnt zu werden: Wenn ich einer anderen Person ihren Wunsch abschlage, wird sie sich in der Zukunft emotional von mir abwenden. Dann bin ich allein.

So nachvollziehbar diese Gedankengänge sind, so negativ können sie sich für dich auswirken. Im Restaurant isst du einen Fleischeintopf, obwohl du viel größere Lust auf Salat hattest. Der Kellner hatte dir den Eintopf jedoch so sehr ans Herz gelegt, und du konntest nicht Nein sagen. Und neulich beim Haareschneiden wurde dir eine Farbe vorgeschlagen, die du eigentlich nicht mochtest. Aber du konntest nicht Nein sagen, und ärgerst dich nun jedes Mal, wenn du in den Spiegel blickst.

Auch im Job zahlt sich permanentes Jasagen nicht wirklich für dich aus. Eine Vertriebsmitarbeiterin oder ein Vertriebsmitarbeiter, die bzw. der es nicht lernt, Forderungen von Kund:innen auch einmal zurückzuweisen, sondern immer nur Ja sagt, um den Abschluss zu machen, riskiert, dass die Kolleg:innen die zugesagten Forderungen nicht erfüllen können oder die Kalkulation für das Projekt durcheinander gerät. Da sind Missstimmungen und Ärger vorprogrammiert.

Die häufigste Auswirkung eines permanenten Jasagens ist die Überforderung. Ziehst du keine Grenzen, wirst du über kurz oder lang mit Aufgaben überhäuft und dein Zeitmanagement läuft vollkommen aus dem Ruder. Ein weiterer Effekt der sogenannten Gefälligkeitsfalle ist der Verlust deines Expertenstatus. Indem du selbst deine Bedürfnisse permanent zurückstellst, nehmen Kolleg:innen deine Stärken nicht mehr wahr. Wie sollten sie das auch können? Du hast aufgrund deines enormen Arbeitspensums kaum Zeit für deine eigenen Projekte oder fürs Netzwerken. Und mit der Zeit werden deine Leistungen ohnehin schlechter, weil du ständig durch deine Projekte hetzen musst.

Du kannst mit einem ehrlichen Nein mehr gewinnen, als mit einem geheuchelten Ja.

Du solltest zudem bedenken, dass Unternehmen in der Regel Orte sind, an denen sich einmal angestoßene Prozesse verstärken. Das bedeutet: Haben sich deine Kolleg:innen daran gewöhnt, dass du immer Ja sagst, werden sie sich in Zukunft gar nicht mehr die Mühe machen, auf die aktuelle Ressourcenauslastung aller Mitarbeiter:innen zu schauen. Sie kommen gleich zu dir, weil sie wissen, dass du die Lösung ihres Problems bist. So sehr dir das schmeichelt – denn wir alle wollen gebraucht werden –, lerne Nein zu sagen.

Wie dein Gegenüber dein Nein aufnimmt, kannst du mit der Art und Weise, wie du Nein sagst, selbst beeinflussen. Hier ein paar Tipps, wie du eine Absage formulieren kannst, ohne dein Gegenüber vor den Kopf zu stoßen:

- »Mit niemandem hätte ich lieber an dem Projekt gearbeitet, aber ich kann leider nicht.« – Verpacke deine Absage in ein Lob oder eine Wertschätzung deines Gegenübers. So stellst du deiner Absage eine positive Botschaft anbei.
- »Das mache ich grundsätzlich nicht.« – Wenn es die Anfrage erlaubt, lehne sie »grundsätzlich« ab. Das hat den Vorteil, dass dein Gegenüber die Absage nicht persönlich nehmen kann. Jede andere Person wäre damit auch abgeblitzt. Wendest du diese Form der Absage an, musst du sie jedoch in allen gleich gelagerten Fällen durchziehen. Sonst wirkst du unglaubwürdig.
- »Gib mir bitte eine Viertelstunde Zeit, mich mit dem Thema zu beschäftigen, danach kann ich den Aufwand besser einschätzen und dir sagen, ob ich die Zeit habe, dir zu helfen.« – So signalisierst du deinen Kolleg:innen, dass du grundsätzlich bereit bist zu helfen und, dass du jedoch ein Profi bist, der vor einer Zusage erst die eigenen Ressourcen überprüft. Diese Möglichkeit, ins Nein zu finden, eignet sich immer dann besonders gut, wenn du schon weißt, dass du nicht die ganze Aufgabe übernehmen möchtest, aber ein wenig zuarbeiten kannst. Dein Nein hört sich dann in etwa so an: »Ich schaffe leider nicht alles, aber ich kann dich bei der Recherche zum Thema unterstützen.«

Übrigens: Je ausgeprägter dein Selbstbewusstsein ist, desto eher gelingt es dir, Nein zu sagen. Mit der Arbeit an deinem Selbstbewusstsein arbeitest du auch an deiner Fähigkeit, Nein zu sagen. Beim Neinsagen geht es nicht darum, immer Nein zu sagen. Wichtig ist nur, dass die Grundlage deiner Entscheidung die richtige ist. Nicht die Angst vor Ablehnung, sondern deine Energiereserven und dein Zeitkonto sind hier relevant.

10. ZEIT GEWINNEN – WIE DU DEIN ZEITMANAGEMENT VERBESSERST

Wir haben bisher vor allem über den Wert deiner (Lebens-)Zeit gesprochen. In diesem Abschnitt geht es nun um die Möglichkeiten, wie du dich selbst organisieren kannst, um deine Zeit optimal zu nutzen. Einige Zeitmanagement-Tools habe ich dir bereits im Zusammenhang mit der Kaizen-Methode vorgestellt, etwa die Arbeit mit To-do-Listen und das Eat-the-Frog-Prinzip. Doch es gibt noch viel mehr Tools, mit denen du an deiner Effizienz arbeiten kannst.

Teile große Aufgaben in kleine Aufgaben: Große Aufgaben machen uns langsam. Warum? Wir wollen den Überblick nicht verlieren und blicken immer auf das große Ganze. Das kostet Energie. Teilst du jedoch eine große Aufgabe in viele kleine Aufgaben, kommst du schneller voran. Stell dir vor, du müsstest 200 Kilogramm Zement mit einer Schubkarre von A nach B bewegen. Würdest du den Zement auf einmal in die Schubkarre packen, gelingt es dir nicht, diese auch nur einen Zentimeter von der Stelle zu bewegen. Teilst du die Zementmenge jedoch in 50-Kilogramm-Pakete, ist die Aufgabe schnell erledigt.

Schreibe eine Not-to-do-Liste: Mit einer Not-to-do-Liste kämpfst du gegen Zeitdiebe an, die dich immer wieder von deiner Arbeit abhalten. Um eine wirksame Not-to-do-Liste zu erstellen, solltest du dich mehrere Tage beobachten und dir notieren, wann genau du deine Konzentration und deinen Fokus auf deine Arbeit verlierst. Dein Handy mit deinen Social-Media-Accounts wird hier eine große Rolle spielen. Aber auch Meetings, die an ungünstigen Zeitpunkten stattfinden und nicht aufeinander abgestimmt sind, lenken dich ab. Auch Anrufe können dich aus der Konzentration holen. Ebenso wie E-Mails, die an deinem Rechner aufpoppen. Um gegen all diese Zeitdiebe vorzugehen, kannst du Fokuszeiten festlegen. Schalte dein Handy in den Nicht-stören-Modus und lege es in eine Schublade. Statt immer wieder zum Telefon zu greifen, ist es effizienter, eine bestimmte Zeit festzulegen, in der du an deinem Telefon deine Nachrichten und Anrufe durchgehst. Ich persönlich beantworte zum Beispiel E-Mails nicht sofort. Stattdessen habe ich einen Slot am Nachmittag, in dem ich meine Mails Stück für Stück abarbeite. In der Zeit davor möchte ich mich voll auf die Aufgaben auf meiner To-do-Liste konzentrieren. Konsequenz deiner Not-to-do-Liste könnten zudem ein oder zwei meetingfreie Tage in der Woche sein.

Arbeite mit der Pareto-Methode: Die Pareto-Methode geht auf den Ökonomen Vilfredo Pareto zurück. Er stellte fest, dass sich der Aufwand, eine Aufgabe zu 100 Prozent zu erledigen, innerhalb des Arbeitsprozesses verändert. So kann es vorkommen, dass sich 80 Prozent der Aufgabe mit 20 Prozent des Aufwands erledigen lassen. Während die restlichen 20 Prozent sagenhafte 80 Prozent des Aufwands verschlingen. Sicher hast auch du schon einmal gemerkt, dass es innerhalb eines Projekts To-dos gibt, die dich sehr viel mehr Zeit und Kraft kosten als andere. Doch was lässt sich aus dem Pareto-Prinzip nun für deinen Arbeitsalltag ableiten? Mit dem Prinzip kannst du in einem Projekt hinterfragen, ob Aufwand und Nutzen wirklich noch in einem Verhältnis zueinander stehen. Brauchst du die fehlenden Details wirklich, um dein Ziel zu erreichen? Falls ja, kommst du um den Aufwand nicht herum. Falls nein, hast du dir gerade eine Menge Zeit gespart.

Plane einen Puffer in deinen Arbeitstag ein: Es kommt immer anders, als man denkt. Beim Erstellen einer To-do-Liste solltest du immer Zeit für Unvorhergesehenes einplanen. Das kann ein Ad-hoc-Projekt sein oder ein Projekt, für das du länger brauchst als geplant. Auch Meetings dauern mitunter länger als geplant. Ohne Puffer steigt die Gefahr, dass eine minimale Veränderung oder Störung deinen ganzen Tag durcheinanderbringt.

Mache bewusst Pausen: Plane in deinen Arbeitstag und in deine Arbeitswoche Pausen ein. Und mit Pausen sind echte Pausen gemeint. Momente, an denen du aufstehst, und dich ganz bewusst etwas anderem zuwendest. Ohne Erholung sinkt deine Leistungsfähigkeit. Der Verzicht auf Pausen mag über einen kurzen Zeitraum funktionieren. Auf lange Sicht ist er kontraproduktiv. Solltest du in deinem Job das Gefühl haben, stets müde zu sein und immer nur langsam voranzukommen, sind wahrscheinlich fehlende Pausen dein Problem. Wie viele Pausen jemand braucht, ist individuell. Ebenso wie die Arbeitszeit. Es gibt Menschen, die powern lieber drei, vier Tage mit Überstunden durch und leisten in dieser Zeit dasselbe, was eine andere Person in einer gemütlichen, auf fünf Tage verteilten 40-Stunden-Woche erledigt.

Ich kann dich nur ermutigen, in dich hineinzuhorchen und herauszufinden, wie du am produktivsten bist. Es geht beim Zeitmanagement nicht darum, eine 50-, 60- oder 70-Stunden-Woche zu organisieren oder mehr zu arbeiten. Es geht vielmehr darum, herauszufinden, unter welchen Bedingungen dein Outcome, deine Performance am besten ist. Es geht im Job um Ergebnisse, nicht darum, wer abends am längsten im Büro sitzt. Diese Position ist auch die Basis für Arbeitszeitgespräche. Wenn du das Gefühl hast, in vier Tagen oder mit zwei Homeoffice-Tagen produktiver zu sein als in

Nicht die Stundenzahl entscheidet, ob du gut gearbeitet hast, sondern die Ergebnisse, die du ablieferst.

fünf, rede mit deinem Chef oder deiner Chefin darüber. Deine Botschaft muss sein: »Lassen Sie es uns ein halbes Jahr lang probieren. In dieser Zeit verspreche ich Ihnen, dass ich mit den angepassten Arbeitszeiten dieselbe, wenn nicht sogar mehr Leistung abliefern kann.«

11. DAS PROZESS-ZIELE-FRAMEWORK

Sicherlich kennst du das Sprichwort »Der Weg ist das Ziel«. In diesem Sprichwort steckt eine Weisheit, die ich gerne in deinem Bewusstsein verankern möchte. Was bedeutet dieses Sprichwort eigentlich? Wortwörtlich genommen könnte man es so verstehen, dass Weg und Ziel das Gleiche sind. Ist das möglich? Es ist komplizierter. Fest steht, um Ziele zu erreichen, müssen wir uns bewegen. Wir müssen uns auf den Weg machen. Wege führen uns zum Ziel. Während wir uns auf das Erreichen eines Ziels freuen und es herbeisehnen, ist den meisten der Weg eher lästig. Sich zu bewegen, sich zu verändern ist schließlich anstrengend. Kaum ist man endlich losgelaufen, hämmert im Kopf die Frage: »Wann bin ich endlich da?«

Liebe den Weg, nicht das Ziel. Denn auf dem Weg entscheidet sich, ob du ankommst oder nicht.

Streiche diese Frage aus deinem Denken. Was uns das Sprichwort eigentlich sagen will: Der Weg zum Ziel ist genauso wertvoll wie das Ziel selbst. Sich auf den Weg zu machen, bedeutet, eine Entwicklung zuzulassen, denn auf dem Weg eröffnet sich dir die Möglichkeit zu lernen. Selbst wenn du dein Ziel nicht erreichen solltest, wirst du auf dem Weg Erkenntnisse sammeln, zum Beispiel darüber, was dir noch fehlt, um dein Ziel zu erreichen. Mit diesen Erkenntnissen kannst du arbeiten und dich wiederum neu auf den Weg machen. Vielleicht kommst du diesmal an?

Wenn du deine Ziele wirklich erreichen möchtest, reicht es nicht, es nur genug zu wollen, wie oft behauptet wird.

Um die Sahara zu durchqueren, reicht es nicht, es nur genug zu wollen. Du brauchst zwischendurch auch Wasser. Willensstärke hilft dir natürlich dabei, dranzubleiben und den Fokus nicht zu verlieren. Aber dein Wille ist nur ein Faktor von vielen, wenn es um das Erreichen deiner Ziele geht. Viele Menschen neigen dazu, Zielen einfach nur hinterherzulaufen, statt sich Gedanken über den Weg, über den Prozess zu machen, der notwendig ist, um das Ziel tatsächlich zu erreichen. Vermeide es, diesen Fehler zu begehen. Besorge dir Wasser!

Du musst den Prozess, den Weg zum Ziel, vernünftig strukturieren, um anzukommen. Dabei kann dir zum Beispiel die SMART-Formel helfen. Dabei stehen die einzelnen Buchstaben für unterschiedliche Ebenen deines Prozesses:

- S steht für SPEZIFISCH: Definiere dein Ziel präzise.
- M steht für MESSBAR: Was brauchst du, um dein Ziel zu erreichen? Notiere dir Zahlen oder konkrete Dinge, die dir deinen Fortschritt aufzeigen.
- A steht für AKZEPTIERT oder ERREICHBAR: Bist du bereit, das zu tun, was nötig ist, um dein Ziel zu erreichen? Welche Grundvoraussetzungen brauchst du? Berücksichtige finanzielle, technische oder soziale Faktoren.
- R steht für REALISTISCH: Was erhoffst du dir davon? Wie realistisch ist dein Ziel? Begründe, warum sich das Ziel lohnt. Du brauchst ein Motiv. Ohne Motiv keine Motivation.
- T für TERMINIERT: Lege ein Datum fest, wann du das Ziel erreicht haben möchtest.

Ein Beispiel:

- S: Ich möchte Musiker:in werden.
- M: Ich möchte ein Album mit meinen Songs auf Spotify veröffentlichen.
- A: Ich arbeite mit einem Vocal-Coach an meiner Stimme und suche nach einer Produzentin, mit der ich meine Songs aufnehmen kann.

- R: Musik ist ein wichtiger Teil meines Lebens. Wenn es mit der großen Karriere nicht klappt, kann ich immer noch in kleinen Clubs und auf privaten Veranstaltungen wie Hochzeiten oder Taufen meiner Leidenschaft frönen. Hauptsache, ich kann Musik machen.
- T: In einem Jahr habe ich zwölf Songs komponiert und veröffentlicht.

Ohne eine solche Struktur fällt dir die Orientierung auf deinem Weg zum Ziel wesentlich schwerer. Wie du vielleicht gemerkt hast, fließen in diesem Framework bereits viele Elemente der vorangegangenen Tools und Techniken zusammen: die Kaizen-Methode zum Beispiel, mit der du deinen Prozess neu strukturieren kannst, wenn du merkst, du erreichst dein Ziel mit den von dir gewählten Ideen nicht. Du kannst hier auch das No-Zero-Days-Framework integrieren, um wirklich voranzukommen. Und in der Wahl eines realistischen Ziels, mit verschiedenen, offenen Möglichkeiten entsteht keine emotionale Abhängigkeit und du wirst es in 40 Jahren auch nicht bereuen, es nicht wenigstens versucht zu haben (Downside-Framework).

12. BODY RECOGNITION – BESSER LERNEN MIT VERSCHIEDENEN LERNMETHODEN

Rufen wir uns noch einmal einen wichtigen Satz aus dem vorherigen Abschnitt ins Gedächtnis zurück: Sich auf den Weg zu machen, bedeutet, eine Entwicklung zuzulassen, denn auf dem Weg eröffnet sich dir die Möglichkeit zu lernen.

Doch wie lernt man eigentlich am besten? Wie kann man seiner Kreativität auf die Sprünge helfen? Es gibt verschiedene Methoden, von denen ich dir einige im wahrsten Sinne des Wortes an die Hand geben möchte.

Ähnlich wie das Selbstbewusstsein ist Kreativität keine Charaktereigenschaft, die uns angeboren ist. So wie wir alle an unserem Selbstbewusstsein arbeiten können, lässt sich mit den richtigen Tools auch die Kreativität trainieren.

Mach dir handschriftliche Notizen: Wissenschaftliche Studien haben ergeben, dass handschriftliche Notizen eher im Kopf bleiben. Wir verstehen Dinge besser, wenn wir sie anfassen können. Dinge aufzuschreiben, ist daher aktives Lernen. Dabei spielt es keine Rolle, ob du hinterher über deine Notizen noch einmal drüber schaust. Das Aufschreiben allein sorgt bereits für einen starken Lerneffekt.

Lerne von anderen Berufen: Kennst du das Phänomen der Betriebsblindheit? Es entsteht durch die Das-haben-wir-schon-immer-so-gemacht-Haltung. Nur wie findet man aus dieser heraus? Eine sehr gute Methode ist es, mit jemandem aus einem vollkommen anderen Berufsfeld über eine Aufgabe oder ein Projekt zu reden, um aus gewohnten Gedanken- und Handlungsmustern auszubrechen. Wie würde ein Künstler die Weihnachtsfeier gestalten? Was hält eine Floristin vom neuen Design der Website? Wie würde ein Drehbuchautor ohne Marketingbackground den neuen Imagefilm umsetzen? Bei einem solchen Austausch geht es gar nicht so sehr darum, dass du die Ideen oder Lösungsvorschläge deines Gegenüber eins zu eins umsetzt. Wichtig ist, dass du versuchst, die neuen Gedanken nachzuvollziehen, und dass du hinterfragst, was davon das Projekt tatsächlich bereichern kann. So lernst du und bist in der Lage, eine frische Lösung zu gestalten.

Zeichne dein Problem: Es ist nicht immer leicht, die richtigen Worte zu finden. Mitunter steckt man selbst in einem Problem fest, weil man nicht in der Lage ist, das Problem zu artikulieren. Du spürst zwar, dass das Problem da ist, aber es lässt sich einfach nicht greifen, obwohl du dir die richtigen Fragen stellst. Statt eine Antwort mit Worten zu formulieren, kannst du deine Antwort auch versuchen zu malen. Stell dir deine Frage und halte die Bilder, die dabei in deinem Kopf auftauchen, fest. Du wirst sehen, dass diese Form des Reflektierens und Lernens nicht nur hochspannend ist, sondern extrem intensiv.

Lerne mit anderen: Suche dir eine Person, mit der du etwas Neues lernen kannst. Immer nur allein zu lernen, ist langweilig und nutzt sich mit der Zeit ab. Zusammen macht das Lernen nicht nur mehr Spaß, mitunter findet man in Gesprächen auch schneller zu Lösungen als allein.

Keep it simple: Mit diesem Kniff kannst du testen, ob du das Erlernte wirklich beherrschst. Versuche dein Wissen in maximal drei Sätzen zu erklären. Kannst du das nicht, hast du dein Thema noch nicht richtig verstanden.

Change Your Location – Change Your Mind: Inspiration und Ideen kommen nicht einfach so. Du kannst deinen Geist anregen, indem du ihn mit neuen Reizen konfrontierst: Lies eine Zeitschrift, die du noch nie gelesen hast. Geh in ein Restaurant, in dem du noch nie gewesen bist (und in das du unter normalen Umständen nicht gehen würdest). Besuche ein Museum mit einer Ausstellung, für die du dich nicht interessierst. Gehe zu einem Vortrag zu einem Thema, mit dem du dich noch nie beschäftigt hast. Dieser Trick hilft dir mitunter auch während eines Projekts. Wenn dir die Ideen ausgehen, steh kurz auf und mach etwas anderes. Räume deinen Schreibtisch auf. Höre einen Song. Gehe kurz eine Kollegin oder einen Kollegen besuchen. Allein der Orts- oder Tätigkeitswechsel führt oft dazu, dass sich dein Kopf neu sortiert und du eine neue Idee bekommst, mit der du weitermachen kannst.

13. DAS PLURAL-DENKEN – MEHR OPTIONEN, MEHR KREATIVITÄT

Eines hast du in meinem Buch mittlerweile sicher gelernt: Der Karriereguru stellt gerne Fragen. Die wichtigen Fragen sind das A und O für deine Persönlichkeitsentwicklung und deinen Erfolg im Job und im Leben. Und weißt du was, ich habe noch eine wichtige Frage für dich. Sie lautet:

- Wie stellt man Fragen richtig?

So wie ich es eben getan habe, sollte man es eigentlich nicht tun. Warum? So wie meine Frage formuliert ist, engt sie dein Denken ein. »Wie stellt man eine Frage richtig?« impliziert, dass es lediglich eine mögliche Antwort auf diese Frage zu geben scheint. Hätte ich die Frage ein klein wenig anders gestellt, wäre das nicht der Fall:

- Welche Möglichkeiten gibt es, eine Frage richtig zu stellen?

Ich bin mir sicher, dass du dich beim Lesen dieser Frage gleich ein wenig freier gefühlt hast. Formuliert man mit einem »Wie«, scheint es, als würde man feststehendes Wissen abfragen. Formuliert man dagegen im Plural, lädt man sich selbst zum Nachdenken über verschiedene Lösungen ein. Das Formulieren von

Fragen im Plural ist immer dann hilfreich, wenn du dich noch in der Analyse befindest und deine Optionen sortieren möchtest. Du kannst es zum Beispiel anwenden, wenn du in Erfahrung bringen willst:

- Welche Möglichkeiten habe ich, auf einen Blackout bei einem Vortrag zu reagieren?

Nachdem du auf Grundlage dieser Fragestellung verschiedene Szenarien durchgespielt hast, kehrst du übrigens wieder zur Wie-Frage zurück. Warum? Ganz einfach: Die konkrete Wie-Frage limitiert dich zwar in der Analyse. Wenn es jedoch darum geht, schnell eine konkrete Entscheidung zu treffen, spielt sie ihre Stärken aus. Im Moment eines Blackouts beim Vortrag, fragst du dich daher:

- Wie reagiere ich jetzt auf meinen Blackout beim Vortrag?

Solltest du bereits Berufserfahrung haben, dürfte dir an dieser Stelle gedämmert haben, warum sich in eurem Unternehmen so viele Meetings so unproduktiv anfühlen. Das liegt meist daran, dass Fragen im Meeting falsch gestellt werden und eher Schweigen denn eine offene Diskussion hervorrufen. »Wie wollen wir unsere Arbeit verbessern?«, heißt es dann, statt: »Welche Möglichkeiten haben wir, um unsere Arbeit zu verbessern?« Umgekehrt kann eine Analysefrage dazu führen, dass stundenlang über Möglichkeiten debattiert wird, wenn man eigentlich eine Entscheidung braucht. Dann heißt es »Welche Restaurants stehen uns heute zum Mittagessen zur Auswahl?« statt: »Wo gehen wir heute Mittag essen?«

Mach dir in deinem Entwicklungsprozess immer wieder bewusst, wo genau du stehst und ob du in deiner Situation eine Analyse- oder eine Entscheidungsfrage benötigst.

14. DAS RUBBER-BAND-MODELL – WIE SOLLST DU DICH ENTSCHEIDEN?

Das Rubber-Band-Modell ist eine weitere Entscheidungshilfe, die ich dir mit auf deinen Weg geben möchte. Das Modell hilft dir, wenn du dich zwischen dem Status quo und einer neuen Herausforderung entscheiden musst. Stell dir vor, du hast einen Job, den du wirklich magst. Doch eines Tages, auf einem Kongress, bekommst du von einem anderen Unternehmen ein Angebot, weil es deine Arbeit seit einiger Zeit verfolgt und wertschätzt. Es ist ein interessantes Angebot. Eines, das dich beschäftigt. Obwohl du eigentlich gar nicht vorhattest, deinen Job zu wechseln, musst du dich nun mit genau dieser Frage auseinandersetzen.

Entscheidungen zwischen zwei gleich guten Optionen sind die schwersten.

Immer dann, wenn du dich zwischen dem Status quo und einer neuen Chance entscheiden musst, hilft dir das Rubber-Band-Modell. Stell dir vor, du befindest dich eingespannt zwischen zwei Seilen. Während das eine Seil dich wegzieht – deine neue Chance –, hält das andere dich fest – der Status quo. Die Fragen, die sich aus dieser Situation ergeben, lauten nun:

- Neue Chance: Was zieht dich fort?
- Status quo: Was hält dich fest?

Beantworte dir diese Fragen ehrlich. Notiere dir die Punkte, die für die eine und für die andere Option sprechen. Du wirst sehen, dass sich mit der Zeit eine Präferenz bei dir herauskristallisiert. Das Besondere am Rubber-Band-Modell ist, dass es konsequent auf den positiven Aspekten deiner beiden Optionen aufbaut. Du musst keine der beiden Optionen schlechtmachen, um dich zu entscheiden. In deinem alten Job zu bleiben, ist absolut eine gute Option, wenn du dich so fühlst. Solltest du dich schwertun, eine Entscheidung zu treffen, gebe ich dir noch einen weiteren Kniff mit auf den Weg.

- Wirf eine Münze.

Kopf bedeutet, dass du dich für den Status quo entscheidest. Zahl bedeutet, dass du die neue Chance wählst. Jetzt wirf die Münze hoch in die Luft. Bevor die Münze auf den Boden fällt, frage dich, was dein Wunschergebnis wäre. Was wünscht du dir sehnlicher, was die Münze anzeigt? Kopf oder Zahl? Dieser Impuls ist deine Entscheidung. Er zeigt dir, wohin dich dein Herz zieht – unabhängig von dem, was die Münze anzeigt.

Damit dieser Trick funktioniert, musst du dich darauf einlassen. Du musst deinen Kopf leer machen und wirklich davon überzeugt sein, dass die Münze entscheiden wird. Gelingt dir dass, wirst du überrascht sein, wie klar und leicht die Entscheidung plötzlich ist.

15. BELÜG DICH NICHT SELBST – SEI DIR DER KOGNITIVEN DISSONANZ BEWUSST

Vielleicht hast du in der Schule, im Studium oder im Job schon einmal vom Phänomen der kognitiven Dissonanz gehört. Eine kognitive Dissonanz tritt immer dann auf, wenn wir eine falsche Entscheidung getroffen haben. Stell dir vor, du hast dir ein neues Smartphone gekauft. Doch nach drei, vier Wochen merkst du, dass das Teil einfach nicht so läuft, wie es soll. Die Fotos sind nicht so gut wie versprochen. Die Geschwindigkeit ist auch nicht überragend. Kurz: Du bist nicht wirklich zufrieden mit dem Teil. Was tust du?

Solltest du zu den Menschen gehören, die schwer Nein sagen können, fängst du an dieser Stelle wahrscheinlich an, dir deinen Kauf schönzureden. Es ist normal, dass die Bilder nicht so gut sind. Es ist ja ein Smartphone und keine Profikamera. Und was die Geschwindigkeit angeht … Ist bestimmt ein Softwarefehler. Da kann man nichts machen.

Wenn unsere Vorstellungen oder Erwartungen sich nicht erfüllen, entsteht eine sogenannte Dissonanz zwischen Wunsch und Wirklichkeit. Wir spüren diese Dissonanz körperlich. Wir sind unzufrieden. Unser Gehirn strebt nun danach, die Unzufriedenheit loszuwerden. Dafür gibt es zwei Möglichkeiten. Entweder passen wir die Wirklichkeit unserem Wunsch an. Oder wir schrauben unsere Erwartungen herunter und geben uns mit weniger zufrieden.

Der Aufwand, die Wirklichkeit dem Wunsch anzupassen, ist in der Regel sehr viel höher. Du müsstest das Handy reklamieren, vielleicht macht der Verkäufer auch noch Stress … Aber du hättest das Problem tatsächlich gelöst. Schrauben wir unsere Erwartungen dagegen herunter, lösen wir das Problem nicht, sondern ignorieren es. Wir tun so, als wäre gar kein Problem vorhanden.

Probleme lassen sich nicht lösen, indem du sie ignorierst.

Dieses Verhaltensmuster ist auch der Grund, warum es so viele Menschen so lange im falschen Job aushalten. Sie lügen sich die Realität schön, anstatt das Problem zu beseitigen. Das Ergebnis: Sie stecken in dem Problem fest. Sie können sich nicht weiterentwickeln. Das unangenehme Bauchgefühl verschwindet jedoch nie ganz. Es blitzt in ehrlichen Momenten immer wieder auf: Wieso lädt die App schon wieder so lange!

Ich kann dir nur empfehlen, dir das Phänomen der kognitiven Dissonanz bewusst zu machen. Belüge dich nicht selbst. Vertraue dem Feedback von Freund:innen. Nur mit Ehrlichkeit gegenüber dir selbst bist du in der Lage, dein Potenzial vollständig auszuschöpfen und zu entwickeln.

KAPITEL 6

DIE HÄUFIGSTEN PROBLEME UND FRAGEN AN DEN KARRIEREGURU …

… und wie du sie lösen kannst

Es gibt Fragen, die werden mir als Karriereguru nicht einmal, nicht zweimal, sondern beinahe täglich gestellt. Ich habe in diesem Kapitel die wichtigsten Probleme und Unsicherheiten meiner Community zusammengefasst, um Möglichkeiten und Lösungsansätze zu skizzieren, die vielleicht auch für dich hilfreich sind. Ich zeige dir dabei zudem, welche Frameworks dir bei bestimmten Fragestellungen konkret weiterhelfen können.

1. »ICH KANN MICH NICHT MOTIVIEREN.«

Dein Problem:

Hallo Tobias, ich kann mich einfach nicht motivieren. Was kann ich tun?

Kein Thema, so geht es uns allen von Zeit zu Zeit. Kennst du schon das No-Zero-Days-Prinzip? Und womit und wie verbringst du eigentlich gerade deine Zeit?

Die Ausgangslage: Du kannst dich nicht motivieren und fällst immer wieder in ein Loch. Statt einfach loszulegen, lässt du dich häufig von anderen Dingen ablenken. Allerdings hast du ein schlechtes Gewissen. Du würdest schließlich schon gerne etwas für die Schule, die Uni oder die Arbeit tun. Denn eigentlich interessiert dich das Thema, an dem du gerade arbeiten musst.

Deine Möglichkeiten: Nicht motiviert zu sein, kann drei Ursachen haben:

1. Du bist im Moment einfach platt. Du hast in letzter Zeit so viel für die Schule, die Uni oder die Arbeit getan, dass dir jetzt alles über den Kopf gewachsen ist. Du brauchst dringend eine Pause, um den Akku wieder aufzuladen.
2. Du bist nicht motiviert, weil du noch kein Ziel für dich definiert hast. Statt loszulegen, wartest du darauf, endlich motiviert zu sein. Die Motivation will sich jedoch einfach nicht einstellen.
3. Du lügst dir selbst etwas vor: Das Thema, an dem du arbeiten willst, interessiert dich doch nicht.

Ob du eine Pause brauchst, merkst du daran, dass du auch in anderen Projekten gar nicht oder nur absolut langsam vorankommst. Sollte dir lediglich der Fokus fehlen, wirst du in anderen Bereichen keine Probleme haben. Diese beiden Fälle sind wenig problematisch. Etwas schwieriger ist es, wenn dich das Thema, an dem du arbeiten musst, nicht interessiert. Kurzfristig gibt es auch hier eine Lösung. Langfristig musst du dich allerdings von der Aufgabe insgesamt trennen.

Mein Tipp: Arbeite mit dem No-Zero-Days-Framework (s. Seite 123). Mit ihm kannst du dir dringend benötigte Pausen verschaffen. Du kannst deine Motivation durch Handlung von außen in Gang setzen. Und du kannst dich so strukturieren, um selbst ungeliebte Aufgaben zu erledigen.

Manchmal sehen wir ein Video und sind plötzlich richtig motiviert, und manchmal stehen wir in der Frühe auf und möchten am liebsten im Bett bleiben. Wenn wir unser Handeln immer nur an unsere Motivation koppeln, dann werden wir nie was erreichen. Das eigentliche Geheimnis ist nämlich, dass unser Handeln nicht nur die Folge unserer Motivation ist, sondern auch gleichzeitig der Auslöser. Motivation und Handeln bilden sozusagen einen Kreislauf. Also überwinde deinen inneren Schweinehund, komm ins Handeln – und die Motivation wird von ganz allein folgen. Das ist wie beim Sport. Der Schritt ins Fitnessstudio ist der schwerste. Danach fühlst du dich jedoch wie die Königin oder der König der Welt, weil du es durchgezogen hast. Versuche, dich beim nächsten Mal, wenn du durchhängst, an das gute Gefühl danach zu erinnern. Oft reicht das schon, um loszulegen.

Die Soforthilfe (Das kannst du gleich jetzt tun!): Und so wendest du das No-Zero-Days-Framework an. Beantworte dir dazu die folgende Frage: Was will ich mit meiner Arbeit wann erreichen? Definiere ein Ziel. Definiere anschließend, was für die Umsetzung notwendig ist. Lege eine Zeitspanne fest, in der du jeden Tag an deinem Projekt arbeiten möchtest. Jeden Tag! Mit dem No-Zero-Days-Framework bekommst du zweieinhalb der genannten Probleme sofort in den Griff. Es verschafft dir Zeit, die du für Pausen nutzen kannst. Du hast ein Ziel, auf das du hinarbeiten kannst, und du kommst ins Tun. Durch dein Handeln wirst du wiederum inspiriert und setzt damit den Motivationskreislauf wieder in Gang. Das No-Zero-Days-Prinzip kann dir zwar langfristig nicht helfen, wenn du im falschen Fachbereich, Studiengang oder Job gelandet bist. Kurzfristig hilft es dir aber dabei, den Job zu erledigen.

2. »ICH WEISS NICHT, WELCHER JOB ZU MIR PASST.«

Dein Problem:

Hallo Karriereguru, ich weiß einfach nicht, was ich nach der Uni werden soll. Hast du einen Rat?

Hi, das passiert leider. Sag mal, gibt es eigentlich etwas, dass du jeden Tag wirklich gern machst? Oder gab es vielleicht einen Moment in deinem Leben, in dem du alles über den Haufen geworfen hast?

Die Ausgangslage: Du hast keinen Plan, welchen Job du später einmal machen möchtest. Egal, wie oft du an deine Zukunft denkst, alles, was du vor dir siehst, ist ein weißes Blatt Papier.

Deine Möglichkeiten: Weißt du, warum das Blatt Papier in deinem Kopf noch vollkommen leer ist? Du hast deine persönliche Geschichte noch nicht geschrieben. Du hast dich noch nicht ausreichend mit dir selbst auseinandergesetzt. Nur wenn wir wissen, wer wir sind und was wir können, haben wir die Chance, unsere Berufung und damit unseren Traumjob zu finden. In der Regel verbringen wir viel Zeit mit unserer Arbeit. Sie sollte dich daher erfüllen und dir Spaß machen. Ein Job, in den du dich jeden Tag schleppen musst und vor dem es dir eigentlich graut, macht dich auf Dauer krank. Die wichtigsten Wegweiser hin zu einem Job sind die Dinge, die du gerne tust. Vertrau mir. Selbst wenn du leidenschaftliche:r Zocker:in bist: Es gibt in der Gaming-Branche – die übrigens richtig boomt – so viele spannende Tätigkeiten. Im Marketing, im Vertrieb, als Programmierer:in. Solltest du ein Thema haben, das dich fesselt und mit dem du dich stundenlag beschäftigen kannst, ohne müde zu werden oder ohne dass dir langweilig wird, überlege, ob und wie sich daraus ein Job ableiten lässt. Lass dich nicht davon abschrecken, dass dein Interesse nicht Mainstream ist. Suche Kontakt zu Vereinen oder Verbänden, die sich mit deinem

Thema beschäftigen, und bitte um Hilfe und Kontakte. Du wirst überrascht sein, wie hilfsbereit Menschen sind, wenn sie sehen, dass du motiviert und leidenschaftlich auf ein Thema hinarbeitest. Um zu diesem, zu deinem Thema zu finden, ist es unerlässlich, dass du dir deiner selbst bewusst wirst.

Mein Tipp: Lerne deine Persönlichkeit, deine Werte, deine Motivation und deine Stärken und Schwächen kennen. Arbeite außerdem mit dem Regret-Minimization-Framework (s. Seite 104). Vielleicht merkst du ja, dass dein 80-jähriges Ich es bereuen würde, wenn du einen bestimmten Job nicht ausprobiert hättest.

Die Soforthilfe (Das kannst du gleich jetzt tun!): Geh ins Netz und suche nach einem kostenlosen Persönlichkeitstest. Mache anschließend einen Berufseignungstest auf einer der einschlägigen Karriereseiten. Setze dich anschließend mit den vorgeschlagenen Jobs auseinander.

3. »ICH HABE EINEN BERUFSWUNSCH, ABER MEINE ELTERN SIND DAGEGEN.«

Dein Problem:

Hallo Karriereguru, ich würde gern Sänger:in werden, aber meine Eltern sind dagegen. Hast du eine Idee, wie ich sie vielleicht überzeugen kann?

Hi, es ist schade, dass dir deine Eltern hier nicht vertrauen und dich unterstützen können. Hast du deine Eltern einmal gefragt, wovor genau sie Angst haben? Und was genau hast du zu verlieren, wenn du dich entscheidest, doch Sänger:in zu werden?

Die Ausgangslage: Du hast einen Traumberuf, aber deine Eltern wollen davon nichts wissen. Stattdessen heißt es immer: »Kind, lern was Gescheites. Einen Beruf, der sicher ist.«

Deine Möglichkeiten: Es klingt vielleicht komisch, aber deine erste Möglichkeit ist, deine Eltern zu coachen. Frage sie, wovor genau sie Angst haben, wenn du deinen Traumberuf ergreifst. Meist glauben sie, dass du in dem Beruf, den du dir wünschst, nur wenig erfolgreich sein wirst. Oder aber sie halten dich davon ab, weil dein Traumberuf wenig angesehen ist. Sollten sie Angst haben, dass du von deinem Beruf nicht leben kannst, skizziere ihnen konkret deinen Ausbildungsweg und deine Verdienstmöglichkeiten. Setze dir eine realistische Deadline, in der du an einem bestimmten Karrierepunkt angekommen sein willst. Signalisiere deinen Eltern, dass du an diesem Punkt deine Entscheidung überdenken wirst, wenn du bestimmte Ziele nicht erreicht haben solltest. Gerade in künstlerischen Berufen braucht man neben Talent mitunter auch das notwendige Quäntchen Glück. Gib deinen Eltern das Gefühl, dass es zu deinem Berufswunsch einen Plan B gibt, falls du in deinem Traumberuf nicht so vorankommst wie erhofft. Du könntest zum Beispiel sagen, dass du jetzt drei Jahre lang auf das Ziel hinarbeiten wirst, Sänger:in zu werden. Neben der

Arbeit mit einer Vocal-Coachin oder einem Vocal-Coach wirst du an einer Website arbeiten und dir über Social Media Aufmerksamkeit und Kontakte verschaffen. Dein Ziel nach drei Jahren könnte es sein, drei bis vier Auftritte im Monat zu haben und damit die Summe XY zu verdienen. Arbeite außerdem an einem Plan, wie du mit Nebenjobs deine Musikkarriere finanzieren kannst, und zeige ihn deinen Eltern auf. Lege gemeinsam mit ihnen Regeln fest, welche Art und Form der Unterstützung du von ihnen erwartest und brauchst – idealerweise so wenig wie möglich. Sag deinen Eltern, dass du sie liebst und dass du die Sorgen zu schätzen weißt. Ein klarer Plan inklusive Plan B ist deine beste Chance, deinen Eltern die Angst zu nehmen, dass du mit deinem Traumjob dein Leben wegwirfst.

Mein Tipp: Arbeite mit dem Regret-Minimization-Framework (s. Seite 104), um herauszufinden, was du wirklich von Herzen willst. Mache auch deine Eltern mit dem Prinzip vertraut und frage sie, welche Dinge sie möglicherweise bereuen, in ihrer Jugend nicht getan zu haben.

Die Soforthilfe (Das kannst du gleich jetzt tun!): Mach dich an deinen Plan. Setze dir Ziele und beginne, dich mit Menschen zu vernetzen, die dir auf deinem Weg helfen können.

4. »ICH HASSE MEINEN JOB UND WILL MICH UMORIENTIEREN, ABER WIE?«

Dein Problem:

Hallo Karriereguru, ich bin unglücklich in meinen Job. Ich traue mich aber nicht, die Stelle und schon gar nicht die Branche zu wechseln. Ich habe Angst alles zu verlieren.

Hi, der Schritt in einen neuen Job ist ziemlich groß und kann schon mal Angst machen. Aber möchtest du wirklich die nächsten Jahre unglücklich bleiben, statt die Chance zu haben, an deinem Glück zu arbeiten? Und warum solltest du in einem anderen Beruf eigentlich nicht auch erfolgreich sein?

Die Ausgangslage: Du musst dich jeden Tag zur Arbeit motivieren. Wirklich glücklich bist du nur an den Wochenenden oder im Urlaub. Aus deinen Urlauben kommst du zwar motiviert zurück, aber diese Motivation verfliegt nach ein paar Tagen wieder. Wie du es auch drehst und wendest, obwohl du gut verdienst, und deine Arbeit anerkannt wird, bist du selbst unglücklich.

Deine Möglichkeiten: Vor allem Menschen, die bereits eine Zeitlang im Berufsleben stehen und in ihrem Job erfolgreich sind, tun sich schwer mit einen radikalen Branchen- oder Jobwechsel. Die entscheidende Frage für diese Menschen habe ich jedoch bereits formuliert: Möchtest du wirklich die nächsten Jahre unglücklich bleiben, statt die Chance zu haben, an deinem Glück zu arbeiten? Die gute Nachricht: Du musst keine radikale Entscheidung treffen. Du musst deinen Job nicht sofort wechseln, sondern kannst in aller Ruhe an deinem Exit aus dem alten Job arbeiten. Entweder an den Wochenenden oder indem du in deinem alten Job die Stunden reduzierst. Du wirst sehen, dass allein das Hinarbeiten auf eine neue Perspektive dir deinen alten Job erleichtert. Lass dich davon nicht blenden. Dein alter Job wird nicht besser. Er hat für dich jetzt jedoch wieder einen konkreten Nutzen, er hilft, dir deine neue Zukunft aufzubauen. Veränderungen passieren in der Regel nur dann, wenn einerseits das Frustrationspotenzial groß genug ist, du dich andererseits jedoch gleichzeitig mit Alternativen auseinandersetzt und an deiner Upside arbeitest.

Merke dir die folgende Gleichung: Veränderung = Frust + Handeln.

Wie du herausfindest, welchen Job du in Zukunft wirklich machen möchtest, weißt du bereits: Setze dich mit deinen Werten, deiner Motivation sowie deinen Stärken und Schwächen auseinander und finde die Antwort auf die Frage, womit du dich gern jeden Tag beschäftigst. Das sind die Schlüssel für deinen Traumjob. Hast du Letzteren gefunden, schau bitte, welche Qualifikationen du brauchst, um in diesen Job zu wechseln. Mach dich schlau, wie du dich weiterbilden kannst und wo du Kurse oder Zertifikate bekommst, die dir den Weg in den neuen Job erleichtern. Vielleicht zahlen auch Skills aus deinem jetzigen Job auf deine neue Tätigkeit ein. Es würde mich auch nicht wundern, wenn Skills, die mit deinen Hobbys zu tun haben, für die von dir ins Auge gefasste neue Tätigkeit von Nutzen sind.

Es kann sein, dass du kurzfristig finanziell verlieren wirst. Spare dir eine Summe zusammen, die du brauchst, um eventuelle Einbußen auszugleichen. Das gibt dir Sicherheit. Und warum solltest du in einer Tätigkeit, die du gerne und mit Leidenschaft ausübst, nicht mindestens genauso erfolgreich sein, wie in deinem jetzigen Job, in dem du Dienst nach Vorschrift machst und wenig intrinsisch motiviert bist?

Mein Tipp: Motiviere dich mit dem »You're gonna die«-Framework (s. Seite 101). Arbeite anschließend mit dem Downside-Framework (s. Seite 107). Überlege – falls du den harten Cut scheust –, wie du am besten zweigleisig fahren kannst.

Die Soforthilfe (Das kannst du gleich jetzt tun!): Definiere deinen Traumjob mit einer Mindmap und analysiere, was dir fehlt, um ihn zu bekommen. Setze dir ein konkretes Ziel, ab wann du in deinem Traumjob arbeiten willst. Stehe jeden Tag zwei Stunden früher auf oder gehe zwei Stunden später ins Bett. Beschäftige dich mit Themen, die dich inspirieren und interessieren. Vernetze dich mit neuen Personen und baue dir ein neues berufliches Netzwerk außerhalb deines jetzigen Jobs auf.

5. »ICH HABE WAHNSINNIGE ANGST DAVOR, VOR ANDEREN MENSCHEN ZU SPRECHEN.«

Dein Problem:

Hallo Karriereguru, ich muss demnächst einen Vortrag auf unserer Betriebsversammlung halten. Ich habe Angst, mich zu blamieren. Was, wenn ich einen Blackout habe?

Hi, ich bin bei Vorträgen auch immer noch nervös. Hast du dich eigentlich schon mal damit beschäftigt, was du im Falle eines Blackouts alles tun kannst, um dir selbst zu helfen? Ich nenne dir gern ein paar Möglichkeiten. Und unter uns: Niemand wird dir den Kopf abreißen, wenn du dich mal verhaspelst.

Die Ausgangslage: Die Aussicht vor einer großen Gruppe reden zu müssen, jagt dir Angst ein. Du hast Versagensängste bei Gedanken daran, einen Vortrag halten zu müssen. Du fürchtest, du bringst kein einziges Wort mehr raus.

Deine Möglichkeiten: Aufregung und ein bisschen Herzklopfen gehören zu jeder Aufgabe dazu. Wenn du kein Herzklopfen mehr erlebst, bist du entweder sehr routiniert in deinen Aufgaben oder sie sind dir egal. Dein Herzklopfen sagt: »Ich möchte es gut machen.« Es ist also etwas Positives.

Du hast es bestimmt bemerkt: Ich habe hier mit dem Schwächen-sind-Stärken-Reframing gearbeitet (s. Seite 115).

Allerdings sollte dein Herzklopfen dich nicht behindern. Arbeite an deiner Aufregung. Tust du es nicht, steigt die Wahrscheinlichkeit, dass du während deines Vortrags tatsächlich einen Blackout hast. Vielleicht hast du schon mal von der sich selbsterfüllenden Prophezeiung gehört. Wenn wir in Gedanken ständig um eine Katastrophe kreisen, sorgen wir mit unserem unbewussten Verhalten – zum Beispiel mit einem rasenden Herzen – dafür, dass die Katastrophe tatsächlich eintritt. Es gibt ein schönes Sprichwort dazu:

> Achte auf deine Gedanken, denn sie werden Worte, achte auf deine Worte, denn sie werden Handlungen, achte auf deine Handlungen, denn sie werden Gewohnheiten, achte auf deine Gewohnheiten, denn sie werden dein Charakter, achte auf deinen Charakter, denn er wird dein Schicksal.
>
> Urheber unbekannt

Wie kannst du deiner Aufregung nun begegnen? Stell dich deiner Angst. Wer noch nie einen Fehler gemacht hat, hat sich noch nie an etwas Neuem versucht und wird ein Leben lang stagnieren. Je häufiger du dich in die dir unangenehme Situation begibst, desto eher entwickelst du Routinen und Erfahrung. Nach dem 100. Vortrag ist deine emotionale Abhängigkeit so stark gesunken, dass du wahrscheinlich sogar schon anfängst, mit dem Publikum zu spielen, statt nur deinen Vortrag runterzurasseln. Bis es so weit ist, brauchst du allerdings Strategien für den Ernstfall. Überlege dir, wie du dich verhalten willst, wenn du plötzlich den Faden verlierst und kein Wort mehr herausbringst. Du könntest zum Beispiel ehrlich sein und einfach sagen: »Entschuldigung, ich habe einen Blackout und stehe gerade vollkommen auf dem Schlauch, was ich als Nächstes sagen will.« Was wird nun passieren? Die Leute werden dich mit noch größeren Augen anschauen. Und nun? Frage einfach in die Runde: »Hat jemand von Ihnen vielleicht eine Idee, was man gegen einen Blackout tun kann?« Du kannst dich auch an dein Publikum wenden und fragen: »Wie fanden Sie den Vortrag bis hierher? Hat vielleicht schon jemand eine Frage, die er beantwortet haben möchte?« Falls die Leute dich im Stich lassen, suche dir jemanden in der ersten Reihe und frage direkt: »Was hat Ihnen bisher am besten gefallen? Was fanden Sie am interessantesten?« Du kannst dir auch einen sogenannten Blackout-Zettel schreiben, den du hervorholst. Auf diesem Zettel steht das Thema deines Vortrags und warum du ihn hältst, also, was die Message, das Ziel deines Vortrags ist. Lies den Zettel gern laut vor. Sollte der

Groschen bis dahin immer noch nicht gefallen sein, kannst du dich wieder ans Publikum wenden: »Was sagen Sie? Sind wir auf einem guten Weg, unser Ziel zu erreichen?« Mitunter kann es auch helfen, dass du dich bewegst. Wenn du auf einer Bühne stehst, kannst du dich an den Rand hinsetzen. Auch das hilft, den Kopf freizubekommen.

Grundsätzlich ist es so, dass wir keine Angst davor haben, zu versagen, sondern davor, uns zu blamieren. Wir fürchten die Reaktion des Publikums. Konzentriere dich darauf, welchen inhaltlichen Mehrwert du in deinem Vortrag transportieren willst.

Darüber hinaus solltest du in der Übung niemals auswendig lernen, sondern immer nach eigenen Worten suchen. Je öfter du das übst, desto leichter wirst du deine Worte wiederfinden, nachdem du sie verloren hast.

Mein Tipp: Arbeite mit dem Downside-Framework (s. Seite 107), damit deine Angst weniger wird. Überlege dir fünf Strategien, was du im Fall eines Blackouts tun kannst. Visualisiere und probe die Strategien. Es ist unmöglich, gegen jemanden zu gewinnen, der keine Angst vor dem Verlieren hat.

Die Soforthilfe (Das kannst du gleich jetzt tun!): Halte deinen Vortrag vor Freund:innen oder deiner Familie. Arrangiere dabei deine Zuhörer:innen als Publikum, das vor dir sitzt. Zeichne deinen Übungsvortrag mit dem Smartphone auf und analysiere deine Performance anschließend.

6. »ICH WEISS NICHT, WIE ICH MEIN GEHALT VERHANDELN ODER NACH MEHR GELD FRAGEN KANN.«

Dein Problem:

Hallo Tobias, ich finde, dass ich mehr Gehalt verdient habe. Ich weiß aber nicht, wie ich danach fragen soll. Und was mache ich, wenn mein:e Chef:in Nein sagt?

Hi, weißt du eigentlich, wo deine Stärken liegen? Und an welchen Schwächen du in den letzten Monaten gearbeitet hast? Womit kannst du belegen, dass dein Gehalt nicht mit deinem Expertenstatus übereinstimmt?

Die Ausgangslage: Du bist in Gehaltsverhandlungen unsicher. Einerseits möchtest du dich nicht unter Wert verkaufen. Du bist aber gleichzeitig schüchtern und möchtest bloß nicht, dass dein:e Chef:in denkt, dass du ein gieriger Mensch bist. Außerdem hast du Angst, dass dein:e Chef:in dir sagt, dass er oder sie dir nicht mehr Gehalt zahlen will.

Deine Möglichkeiten: Vor allem introvertierte Menschen mit viel Verständnis für die Probleme anderer lassen sich in Unternehmen gern hinhalten. Sie akzeptieren sehr häufig die Ausreden, warum eine Gehaltserhöhung mal wieder nicht drin sei. Außerdem interpretieren sie die Absage als Ablehnung. Sie glauben, dass sie tatsächlich nicht gut genug gearbeitet haben, um sich mehr Geld am Ende des Monats zu verdienen. Findest du dich in solchen Gedankenmustern wieder?

Bringen wir auch in das Thema Gehaltsverhandlung die notwendige Struktur. Weißt du, welches Gehalt in deiner Branche in Abhängigkeit von deiner Berufserfahrung und der Größe des Unternehmens durchschnittlich gezahlt wird? Hast du die Geschäftsentwicklung deines Unternehmens im Auge? Weißt du, ob es der Firma finanziell gut geht? Nein? Recherchiere die Fakten.

Hast du eine Übersicht mit allen erfolgreichen Projekten erstellt, an denen du in den letzten Monaten gearbeitet hast? Nein? Dann los! Hast du in den letzten Monaten bestimmte Fähigkeiten entwickelt und neu gelernt, mit denen sich dein Expertenstatus verbessert hat? Konntest du Neukund:innen gewinnen? Oder deine Vertriebserlöse steigern? All dies sind Argumente für deine Gehaltsverhandlung. Solltest du trotz vieler Argumente keine Gehaltserhöhung bekommen, sei konsequent und teste deinen Marktwert in Bewerbungsgesprächen bei anderen Unternehmen.

Wusstest du zum Beispiel, dass eine GmbH verpflichtet ist, ihren Geschäftsbericht zu veröffentlichen? Unter bundesanzeiger.de kannst dir die Geschäftsabschlüsse mit den wichtigsten Kennzahlen wie den Gewinn oder die Verbindlichkeiten anschauen.

Bedenke aber auch: Beförderungen hängen nicht nur davon ab, wie du im Job performt hast. Checke, wie du dich in letzter Zeit um dein berufliches Netzwerk gekümmert hast. Hast du es vernachlässigt, intensiviere deine Bemühungen.

Mein Tipp: Arbeite mit dem Downside-Framework (s. Seite 107), damit deine Angst weniger wird. Du hast nichts zu verlieren. Du kannst nur gewinnen. Argumentiere deine Gehaltserhöhung nicht mit dem, was du bereits geleistet hast (Vergangenheit), sondern damit, wie man künftig von dir profitieren wird (Zukunft). Frage auch nicht: »Bekomme ich mehr Gehalt?« Frage vielmehr: »Was muss ich tun, um Betrag XYZ zu bekommen?« Dadurch beziehst du deine:n Chef:in mit ein. Er bzw. sie zeigt dir einen Weg auf, und du kannst dich daran messen lassen.

Die Soforthilfe (Das kannst du gleich jetzt tun!): Recherchiere im Internet auf Plattformen wie Kununu oder Glasdoor, was Menschen in einer ähnlichen Position und mit ähnlicher Erfahrung verdienen.

7. »ICH HABE ANGST VOR DEM VORSTELLUNGSGESPRÄCH.«

Dein Problem:

Hallo Tobias, ich bin bei Bewerbungsgesprächen furchtbar nervös. Hast du eine Idee, wie ich meine Aufregung in den Griff bekommen kann? Und mit welchen Aussagen kann ich im Bewerbungsgespräch punkten?

Hallo, weißt du, wer du bist? Was motiviert dich? Was sind deine Stärken? Und wo liegen deine Schwächen? Wenn du die Antworten auf diese Fragen kennst, werden dir Bewerbungsgespräche in Zukunft viel leichter fallen. Und auf wie vielen Bewerbungsgesprächen warst du bisher eigentlich?

Die Ausgangslage: Du hast Lampenfieber bei jedem Vorstellungsgespräch. In den Gesprächen bist du so nervös, dass du Angst hast, dein Gegenüber könnte dein Herzklopfen hören. Und deswegen kannst du auch nicht so performen, wie du es eigentlich könntest.

Deine Möglichkeiten: Schreib dir Fragen auf, vor denen du im Bewerbungsgespräch die meiste Angst hast. Arbeite mit dem Schwächen-sind-Stärken-Reframing (s. Seite 115) und überlege dir gute Antworten, die du am besten aus deiner persönlichen Geschichte ableitest. Bitte eine:n Freund:in, dein:e Bewerbungstrainer:in zu sein. Geht zusammen die Fragen durch – so lange, bis deine Antworten souverän rüberkommen, ohne dass du dich verhaspelst.

Mein Tipp: Arbeite an deinem Storytelling. Und nutze das Schwächen-sind-Stärken-Reframing, um deine Story so stark wie möglich zu machen.

Die Soforthilfe (Das kannst du gleich jetzt tun!): Mach deine Bewerbung fertig und suche dir zehn Jobs heraus, die zwar zu deinen Fähigkeiten passen, dich aber nicht unbedingt reizen. Gib dir mit deinem Anschreiben und deiner Bewerbung so viel Mühe, dass du eingeladen wirst. Auf meinen Social-Media-Kanälen bekommst du immer wieder Tipps, wie du mit deiner Bewerbung glänzen kannst. Mach anschließend die Gespräche und teste dich aus. Nimm dann dieses Gefühl mit in die Gespräche, wenn es darauf ankommt. Eine Musikerin geht auch nicht ohne Generalprobe auf die Bühne, und ein Fußballer spielt nicht das Champions-League-Finale ohne zuvor 20 Jahre dafür trainiert zu haben.

8. »ICH KANN KEIN BEWERBUNGS-ANSCHREIBEN AUFSETZEN. ICH VERZWEIFLE DARAN.«

Dein Problem:

Hallo Karriereguru, wie soll ich bloß das Anschreiben für meine Bewerbung formulieren? Mir fällt einfach nichts Originelles ein, mit dem ich das Unternehmen vom Hocker haue. Hast du eine Idee?

Hi, in diesem Fall kann ich dir weiterhelfen. Du musst in deinem Anschreiben gar nicht auf Teufel komm raus kreativ sein. Weiß du, welches die originellste Geschichte ist, die du in einem Anschreiben erzählen kannst? Deine eigene. Was motiviert dich? Was macht dir Spaß? Und womit verbringst du deine Zeit besonders gern? Die Antworten auf diese Fragen führen dich zu deiner Geschichte.

Die Ausgangslage: Dir fällt partout keine Story ein, mit der du in deinem Bewerbungsanschreiben punkten kannst. Dir fehlt die zündende Idee, denn du willst mehr abliefern als »Hiermit bewerbe ich mich …«.

Deine Möglichkeiten: Beschäftige dich mit deiner Motivation. Warum willst du den Job? Was fasziniert dich daran? Was bereitet dir in deinem Thema am meisten Spaß? Was hast du bisher getan, um genau diesen Job zu bekommen? Erzähle diese Geschichte. Solltest du Quereinsteiger:in sein, musst du hier etwas kreativer werden. Beschäftige dich mit deinem Bewerbungsmindset und eliminiere Denkfehler, die dich – und damit auch deine Geschichte – runterziehen. Lade dich mit Selbstbewusstsein auf und lasse es in deine Geschichte fließen. Jeder ist eine Expertin oder ein Experte in einer bestimmten Sache. Lass deine Expertise und deine Motivation deine Geschichte erzählen.

Mein Tipp: Arbeite an deinem Storytelling. Was macht dich besonders? Was macht dich für das Unternehmen interessant? Was kannst du dort mit deinen Fähigkeiten verändern oder bewegen? *Das* ist deine Story für das Anschreiben.

Die Soforthilfe (Das kannst du gleich jetzt tun!): Lies dir meine Vorschläge zu Einleitungssätzen durch und schreibe dir direkt die heraus, die dich ansprechen. Wenn du dich zu den sogenannten Quereinsteiger:innen zählst, dann solltest du dieses Wort erstmal direkt aus deinem Kopf streichen und schon gleich gar nicht in deinem Anschreiben verwenden. Das lässt nämlich die Vermutung zu, dass du nicht vollständig qualifiziert bist, weil du eben »quer« einsteigst. Es kann auch so gedeutet werden, dass du nicht richtig an deine Ziele glaubst oder einfach keinen Plan davon hast, was du eigentlich willst. Das Wort »Weiterentwicklung« trifft es hier besser.

Versuch, dir einmal folgende Analogie vorzustellen: Du bist Fußballtorhüter:in und deine Mannschaft liegt in der 90. Minute im Rückstand. Du rennst vor in den gegnerischen Strafraum und bist quasi nicht zu verteidigen, weil sich niemand darauf eingestellt hat. Dass du nun das entscheidende Tor schießt, ist tatsächlich gar nicht so selten. Beruflich ist das ähnlich. Wenn du mit einem anderen Background in einen neuen Bereich einsteigst, bringst du eine ganz neue Perspektive mit, die häufig zum Sieg führt.

Du siehst also jetzt schon, wie viel Fingerspitzengefühl in der Wortwahl gefragt ist. Lass uns mit einigen konkreten Formulierungen loslegen:

Wenn du dich beispielsweise bei einem Unternehmen bewerben willst, dessen Produkte oder Dienstleistungen du absolut klasse findest, dann versuche es mit »Vertrauen« und überraschenden Argumenten:

- Ihre Produkte haben schon im Leben meiner Eltern eine wichtige Rolle gespielt. Für mich gilt das Gleiche. Ich bin quasi damit groß geworden. Sie merken, ich bin nicht nur langjährige:r Kund:in, sondern loyaler Fan. Nun möchte ich aber noch einen Schritt weiter gehen und mit meiner Faszination für Ihre Marke tatkräftig zum weiteren Unternehmenswachstum beitragen …«
- »Fitnessexpert:in zu werden, war schon immer mein Traum. Dabei ist Fitness so viel mehr als nur Sport und Ernährung. Neben den rein körperlichen

Aspekten trägt auch die mentale Verfassung einen enormen Teil zur allgemeinen Gesundheit bei. Das habe ich bereits am eigenen Leib sowohl positiv als auch negativ spüren müssen. Work-Life-Balance ist für mich keine leere Worthülse, sondern gelebte Philosophie. Dabei möchte ich gemeinsam mit Ihnen und maximal vielen Menschen einen besseren Zugang schaffen ...«
- »Ich möchte Ihnen gleich zu Beginn drei Gründe nennen, warum Sie von mir als Mitarbeiter:in im Bereich XYZ begeistert sein werden: 1. Ich bin fasziniert von (prägendes Ereignis in der Vergangenheit). 2. Ich besitze langjährige Erfahrung in (fachliche Kompetenz). 3. Ich strebe nach (künftiger beruflicher Fußabdruck) ...«

Wenn du aufgrund von äußeren Umständen wie einer Pandemie dazu gezwungen bist, das Berufsfeld zu wechseln, dann ist das überhaupt nicht verwerflich und ganz normal. Das heißt, das darf von dir auch so geäußert werden:

- »Die Coronakrise hat für den Tourismus vielfältige Herausforderungen gebracht – für mich persönliche aber auch enorme Chancen. Als erfahrene:r Projektmanager:in im Bereich Kultur und Tourismus verfüge ich über das nötige Fachwissen, um Sie im Bereich XYZ maßgeblich beim weiteren Geschäftswachstum zu unterstützen ...«

Wenn du mit mehr Fakten überzeugen willst, weil du dich ausgiebig mit dem Unternehmen beschäftigt hast, dann schreib gerne so was wie:

- »In einem kürzlich veröffentlichten Onlineartikel vom *Handelsblatt* habe ich erfahren, dass Sie jüngere Zielgruppen erschließen wollen. Mit meinen exzellenten Expansionskenntnissen, sowie der Zusammenarbeit mit der Generation Z unterstütze ich Sie gerne bei diesem Vorhaben ...«

Du könntest sogar ein bisschen frech werden – wobei das natürlich Geschmackssache ist:

- »Als treue:r Kund:in Ihrer Produkte musste ich in den vergangenen Monaten zu meinem Bedauern feststellen, dass auch Sie unter Corona-bedingten Engpässen leiden. Häufig ist das ein Logistikproblem. Gut, dass ich weiß, wie sich bei 85 Prozent der Logistikabläufe Einsparungen erzielen lassen. Deshalb möchte ich Sie mit meiner Kompetenz tatkräftig unterstützen, diese Krise zu überwinden …«

Du kennst sicher Clickbait-Überschriften, die in den sozialen Netzwerken großen Anklang finden, um maximal Traffic zu erzeugen. Hierbei wird versucht, etwa den Titel so zu gestalten, dass beim Gegenüber Neugier geweckt wird und es draufklickt. Das Gleiche kannst du bei der Bewerbung anwenden. Du solltest es natürlich nicht übertreiben und so was schreiben wie: »Und was dann passierte, hätten Sie nie für möglich gehalten.« Aber so ein bisschen Clickbait kann nicht schaden, um auf sich aufmerksam zu machen. Also beginne deinen ersten Satz zum Beispiel mit einer oder mehreren Fragen:

- Sie möchten neue Kund:innen ansprechen und Ihre Zielgruppe erweitern? Ich möchte Ihnen dazu einige Ergebnisse aus meiner Arbeit vorstellen und demonstrieren, dass ich Sie auf Ihrer Mission maximal stark unterstützen kann …«
- »Drei von vier Kund:innen schätzen eine professionelle Beratung am Telefon. Jedoch wird auf Ihrem Google-Profil ersichtlich, dass es dahin gehend in der Vergangenheit Schwierigkeiten gab. Gemeinsam mit Ihrem Team möchte ich …«

Wichtig ist es natürlich, im Anschluss an diese gewagten Anfänge direkt darauf einzugehen, was du mitbringst, um die Aufgaben zu lösen oder die genannten Zahlen zu verbessern.

Eine weitere Technik nennt sich die Storytelling-Methode. Das ist ein Begriff, der vor allem im Marketing-Bereich Einsatz findet, um Produkte zu bewerben. Jede Story braucht eine:n Hauptakteur:in, um die oder den sich die Story dreht. Das bist du, das ist klar. Dann braucht es noch ein prägendes Ereignis, das deine Faszination für den Themenbereich der Stelle oder das Unternehmen entfacht hat. In der Mitte des Anschreibens erzählst du dann genau, wie sich dieses Ereignis auf dein weiteres Leben, also in dem Fall deine schulische und berufliche Bildung ausgewirkt hat. Am Ende der Story kommt der Lösungsansatz, wobei klar werden muss, weshalb du gar nicht anders kannst, es also quasi dein Schicksal ist, dich auf diese Stelle zu bewerben.

- »Schon seit meiner Schulzeit engagiere ich mich aktiv für den Umweltschutz. Das Wohlergehen unseres Planeten, der Menschen und natürlich der Tiere liegt mir sehr am Herzen. Als zertifizierte:r Landschaftsgärtner:in möchte ich mein Wissen im Hinblick Nachhaltigkeit einsetzen und mich auf die Stelle XYZ in Ihrem Unternehmen bewerben ...«

Wenn du ein Vorbild hast oder dir ein bestimmtes Zitat gefällt, könntest du auch so anfangen:

- »Wie Elon Musk erst kürzlich sagte: ›Wir haben Flugzeuge, Züge, Autos und Boote. Was wäre, wenn es einen fünften Modus gäbe?‹ Seit Jahren verfolge ich die Fortschritte der Automobilbranche und die Entwicklung von Elektroautos in Ihrem Unternehmen mit großem Interesse. Ich möchte keinen fünften Modus – ich sehe in Ihrem Unternehmen das Potenzial für eine grüne Zukunft, bei dem ich Sie mit meinen Kompetenzen unterstützen will ...«

Oder aber du beginnst mit globalen oder nationalen Themen, die dich bewegen:

- »Deutschland liegt im Vergleich zu anderen Ländern im Ausbau der digitalen Infrastruktur stark zurück. Das bekam ich als Student:in, aber auch als Berufseinsteiger:in fortwährend zu spüren. Als Millennial interessiert mich die IT-Branche insgesamt sehr, da ich zu einer Generation gehöre, die mit diesen Technologien quasi aufgewachsen ist und weiß, wo es Verbesserungen braucht. Jetzt möchte ich auch beruflich in diesem Bereich Fuß fassen und als XZY in ihrem Hause tätig werden ...«

Wenn du meine persönliche Meinung wissen willst: Ich finde die Storytelling-Methode am besten. Ganz egal, ob auf eine stinknormale Stellenanzeige, als Initiativbewerbung oder für eine komplette Neuorientierung. Für mich ist das so ein bisschen wie ein Filmtrailer. Es werden Emotionen geweckt und man fühlt sich förmlich reingezogen. Zudem wird eine persönliche Geschichte gern als Aufhänger im Bewerbungsgespräch verwendet. Vorteil für dich: Du bewegst dich direkt auf sicherem Terrain und vergisst mitunter deine Nervosität.

9. »ICH HABE EINE ABSAGE AUF EINE BEWERBUNG BEKOMMEN UND FÜHLE MICH SCHLECHT.«

Dein Problem:

Hey Karriereguru, ich bin fertig. Ich habe jetzt drei Absagen auf drei Bewerbungen bekommen und bin völlig down. Wieso finde ich keinen Job?

Hi, das tut mir leid, dass du geknickt bist. Hast du bisher wirklich nur drei Bewerbungen verschickt? Und hast du bei den Unternehmen mal nachgefragt, was ihnen in deiner Bewerbung gefehlt hat?

Die Ausgangslage: Du hast dir richtig Mühe mit deiner Bewerbung gegeben und sie voller Hoffnung verschickt. Nach den Absagen zweifelst du, ob deine Bewerbung vielleicht doch falsch ist und du sie umschreiben musst. Du denkst, dass du womöglich nicht gut genug bist.

Deine Möglichkeiten: Du findest einen Job. Befrei dich aus der emotionalen Abhängigkeit. Drei Versuche reichen bei Weitem nicht aus, um Rückschlüsse auf deine Qualitäten oder die Qualität deiner Bewerbung zu schließen. Stell dir vor, ein Forschungsinstitut würde eine Umfrage mit zehn Menschen zu ihren Präferenzen bei der Bundestagswahl machen. Glaubst du, dass die Befragung von zehn Menschen das Stimmungsbild von mehr als 60 Millionen Wahlberechtigten abbilden kann? Nutze jede Bewerbung und jede Absage als Chance, um zu lernen. Frage die Personaler:innen nach einer Absage, was ihnen gefehlt hat. Begründe deine Nachfrage damit, dass du gerne an den noch fehlenden Skills arbeiten würdest. Frage gern nach, ob sie dir vielleicht sogar bestimmte Weiterbildungen diesbezüglich empfehlen können. Arbeite das Feedback in deine Bewerbung ein. Und mache die Weiterbildungen, die dir empfohlen werden.

Es gilt jedoch: Auch Personaler:innen sind nur Menschen. Es ist wie im Restaurant. Dem einen schmeckt das, der anderen jenes. Fühle dich also nie persönlich angegriffen. Wir haben es auch im Bewerbungsgame immer mit Menschen zu tun. Zweifle deshalb niemals an dir und deiner Geschichte.

In der Software-Entwicklung gibt es das sogenannte A/B-Testing. Das heißt, man lässt Daten entscheiden, was gut ankommt und was nicht. Etwa: Soll der Button im Checkoutprozess rot oder grün sein, damit die Wahrscheinlichkeit steigt, das Kund:innen auch wirklich kaufen? Das Gleiche gilt für deine Bewerbung. Variiere deine Bewerbung und bilde Testgruppen. Führe eine Excel-Liste, wer welche Bewerbung erhalten hat. Schicke 100 raus. Welche Message zieht besser? A oder B? Ist es A? Dann fokussiere dich darauf und baue die Story aus.

Mein Tipp: Schalte um auf das Prinzip der maximalen Frequenz (s. Seite 85).

Die Soforthilfe (Das kannst du gleich jetzt tun!): Verschicke in dieser Woche noch zehn weitere Bewerbungen. Und in der nächsten und übernächsten Woche auch.

10. »ICH WURDE GEKÜNDIGT. WIE GEHE ICH DAMIT UM?«

Dein Problem:

Hallo Karriereguru, meine Firma hat mir gekündigt. Ich bin vollkommen aufgelöst. Was soll ich jetzt machen?

Hi, eine Kündigung, die geht an die Nieren. Sie ist aber auch kein Weltuntergang. Ich erkläre dir gern, wie du solche Rückschläge verarbeitest und aus ihnen lernst.

Die Ausgangslage: Du wurdest von der Kündigung deiner Firma überrascht und hast das Gefühl, dass deine Welt vollkommen auf den Kopf gestellt wurde. Du fühlst dich haltlos und verloren.

Deine Möglichkeiten: Du musst so schnell wie möglich ins Tun kommen. Egal, ob die Kündigung betriebsbedingt erfolgte oder aufgrund von Missstimmungen. Lass dich vom Betriebsrat beraten und kontaktiere die Personalabteilung deines Unternehmens, um alle notwendigen Formalitäten und eventuelle Rechtsansprüche deinerseits zu klären. Danach solltest du sofort anfangen, dich um deine Bewerbungsunterlagen zu kümmern. Sammle dafür Zeugnisse ein. Hinterfrage, ob dein Job dich zuvor wirklich glücklich gemacht hat.

Eine Kündigung zwingt dich, dich zu bewegen. Du musst und kannst einen neuen Weg einschlagen – gern auch in eine andere Richtung, wenn du das Gefühl hast, dort besser aufgehoben zu sein.

Packe deine Werte, deine Motivation und deine Persönlichkeit in eine Story, mit der sich deine Bewerbung von allen anderen abhebt. Schalte im Bewerbungsprozess sofort in die maximale Frequenz. Nach dem Kündigungsschock kannst du dir die emotionale Abhängigkeit von einigen wenigen Bewerbungsversuchen nicht leisten.

Ein ordentliches Zeitmanagement ist jetzt kritisch. Arbeite daran. Es ist wichtig, nicht in ein Loch zu fallen, sondern dem Tag Struktur zu geben. Lege klare, realistische To dos für den Tag fest und halte dich daran. Vergiss aber nicht: Du musst nicht alles auf einmal schaffen. Du hast auch die Möglichkeit, geduldig zu bleiben und nichts zu überstürzen.

Merke dir: Krise = Chance.

Stell dir Fragen wie:

- Welche Möglichkeiten ergeben sich nun dadurch? Endlich muss ich Kollege XY nicht mehr sehen. Und die Wertschätzung meiner Chefin hat ohnehin zu wünschen übriggelassen.
- Wie kann ich im Vorfeld des Bewerbungsprozesses bei einer neuen Firma sicherstellen, dass ich nicht wieder aus dem Nichts gekündigt werde?
- Welche privaten Kontakte kann ich mobilisieren, die mich unterstützen können? (Nur Mut!)
- Möglicherweise tut ja auch mal eine Auszeit gut? Das ist meine Chance!
- Muss es direkt der Traumjob sein oder kann ich mich mit einem Überbrückungsjob über Wasser halten, um mich ganz entspannt auf die Suche nach dem richtigen Job zu machen?

Mein Tipp: Sieh die Kündigung als Learning.

Die Soforthilfe (Das kannst du gleich jetzt tun!): Fange noch heute an, an deiner Bewerbung zu arbeiten. Rede mit Freund:innen über das, was dir passiert ist und wie du dich fühlst.

11. »IN MEINER ARBEIT HERRSCHT STÄNDIG DICKE LUFT. WAS KANN ICH GEGEN EIN TOXISCHES ARBEITSKLIMA TUN?«

Dein Problem:

Hallo Karriereguru, ich habe überhaupt keine Lust mehr ins Büro zu gehen. In unserem Team schiebt jeder Frust und lässt ihn an den Kolleg:innen aus. Was kann ich dagegen tun?

Hi, was genau ist denn der Grund dafür, dass ihr nicht ordentlich zusammenarbeitet? Fehlt euch die Struktur? Fehlen euch die Ziele? Habt ihr eine:n Chef:in, der oder die mit dem Management-by-Fear-Prinzip, also mit Angst arbeitet? Kannst und willst du wirklich so weiterarbeiten?

Die Ausgangslage: In deinem Job bist du mit einem toxischen Arbeitsklima konfrontiert. Egal, was du machst, immer scheint alles falsch zu sein. Du ziehst dich zurück und weißt nicht mehr weiter.

Deine Möglichkeiten: Es ist wichtig, dass du die Ursachen für das schlechte Arbeitsklima hinterfragst. Ist euer Team von den Persönlichkeiten her falsch zusammengestellt? Ist euer Team überlastet? Ist euer Team von den Aufgaben überfordert? Sorgt euer Chef oder eure Chefin ständig für Druck? Wisst ihr gar nicht richtig, auf welche Ziele ihr hinarbeitet? Versuch nicht, die Schuld ausschließlich bei dir zu suchen. Suche das Gespräch mit den Kolleg:innen. Frage sie, worin sie den Grund für die Probleme sehen – und worin die Lösung. Frage deine Kolleg:innen, was sich ändern muss.

Hab keine Angst, schließlich hast du nichts zu verlieren. Lass dich nicht einschüchtern. Die Situation ist ohnehin schlecht und schlägt dir auf den Magen. Trau dich und arbeite mit dem Downside-Framework (s. Seite 107). Suche außerdem nach Kolleg:innen, die auf deiner Seite sind.

Wichtig: Ein Job ist mehr als nur Gehalt und Jobtitel. Psychische Gesundheit ist immer das Fundament.

Wichtig: Wenn ihr im Team mit eurem Chef oder eurer Chefin eine Lösung erarbeitet habt, sollte diese Lösung einen Zeithorizont enthalten. Ist die Zeit verstrichen und im Unternehmen hat sich nichts geändert, handele konsequent und denke an dich und dein Wohlbefinden.

Checke auf den einschlägigen Portalen wie Kununu, ob es die Probleme mit dem schlechten Betriebsklima schon vor deiner Zeit im Unternehmen gab. Falls ja, ist das ein Anzeichen dafür, dass sich auch in Zukunft nichts ändern wird. Investiere deine Kraft dann lieber gleich in deine Bewerbung.

Mein Tipp: Arbeite mit dem »You're gonna die«-Framework (s. Seite 101) und schreibe anschließend eine disruptive Bewerbung (s. Seite 96). Bewirb dich bei Unternehmen, bei denen du dich zuvor über das Arbeitsklima erkundigt hast.

Die Soforthilfe (Das kannst du gleich jetzt tun!): Frage dich, ob du glaubst, das toxische Arbeitsklima in deinem Büro auflösen zu können. Es ist okay, wenn du nicht genau weißt, wie du das angehen kannst. Sprich zunächst mit wenigen Kolleg:innen darüber, denen du vertraust, vielleicht bei einem gemeinsamen Mittagessen außerhalb des Unternehmens.

12. »ICH HABE LÜCKEN IN MEINEM LEBENSLAUF. WIE KOMMUNIZIERE ICH DIE AM BESTEN?«

Dein Problem:

Hallo Tobias, in meinen Lebenslauf habe ich mehrere Lücken. Ich habe in der Zeit einfach keinen Job gefunden. Ich werde in Bewerbungsgesprächen auch immer wieder danach gefragt. Ich weiß gar nicht, was ich dann sagen soll, weil ich mich schäme. Hast du vielleicht einen Rat für mich?

Hi, weißt du eigentlich schon, wie du aus vermeintlichen Schwächen Stärken machen kannst? Ich erkläre dir gern, wie das funktioniert.

Die Ausgangslage: Du hast in deinem Lebenslauf Lücken, etwa, weil du bewusst eine Pause zwischen zwei beruflichen Stationen eingelegt hast oder weil du nicht sofort wieder einen neuen Job gefunden hast. Du empfindest diese Lücken als Makel und schämst dich dafür.

Deine Möglichkeiten: Lebensläufe verlaufen nicht linear. Löse dich von dem Gedanken, etwas falsch gemacht zu haben. Du hast eine Pause von mehreren Monaten zwischen zwei Jobs gemacht und bist in der Zeit in der Welt herumgereist? Was soll daran falsch oder ein Makel sein? Kommuniziere es also ruhig entsprechend: »Ich habe mir in der Zeit bewusst eine Pause genommen, um wieder Kraft zu tanken, damit ich in meinem neuen Job richtig durchstarten kann.«

Und was ist falsch daran, wenn du länger nach einem neuen Job gesucht hast? Kommuniziere auch das ganz selbstbewusst: »Ja, ich habe länger nach einer neuen Stelle gesucht. Ich habe mich von den Absagen aber nicht einschüchtern lassen, sondern bin drangeblieben und sitze jetzt hier. Ich habe in der Zeit an meiner Bewerbung gearbeitet und sie ständig verbessert. Außerdem habe ich mich in den Bereichen XYZ weitergebildet, um meine Expertise zu erweitern.«

Selbst eine Krankheit, die dich aus der Bahn geworfen hat, kann eine Stärke sein: »Ich habe in der Zeit hart dafür gearbeitet, wieder gesund zu werden. Und das habe ich geschafft.«

Mein Tipp: Arbeite mit dem Schwächen-sind-Stärken-Reframing (s. Seite 115). Und arbeite mit dem Downside-Framework an deinem Selbstbewusstsein (s. Seite 107).

Die Soforthilfe (Das kannst du gleich jetzt tun!): Verheimliche oder übergehe die Lücke in deinem Lebenslauf nicht. Benenne sie knapp, aber klar und ehrlich.

13. »WAS ANTWORTE ICH IM BEWERBUNGSGESPRÄCH, WENN ICH NACH MEINEN SCHWÄCHEN GEFRAGT WERDE?«

Dein Problem:

Hallo Karriereguru, ich weiß nicht, was ich sagen soll, wenn ich im Bewerbungsgespräch nach meinen Schwächen gefragt werde? Womit kann ich denn hier punkten?

Hi, das kann ich gut verstehen. Hast du schon mal überlegt, dir die Frage anders zu stellen? Zum Beispiel so: Worin würdest du in den nächsten Monaten gern besser werden? Welche Fähigkeit würdest du gern erlernen? Und was kannst du machen, um das auch umzusetzen?

Die Ausgangslage: Bei der Frage nach deinen Schwächen hast du Angst, offen und ehrlich zu sein. Du hast aber auch das Gefühl, dass eine unehrliche Antwort erkannt wird, und dir negativ ausgelegt wird. Du kommst ins Stammeln und *das* kommt auf keinen Fall gut an.

Deine Möglichkeiten: Bei der Frage nach deinen Schwächen interessiert Personaler:innen gar nicht so sehr, welche das genau sind. Viel wichtiger ist ihnen, wie du mit der Frage umgehst. Bist du überhaupt so selbstreflektiert, dass du deine Schwächen kennst? Oder bist du womöglich sogar ein derart negativ eingestellter Mensch, aus dem es nur so heraussprudelt, wenn seine Schwächen angesprochen werden? Auch das gibt es!

Ignoriere das Wort »Schwächen« einfach. Antworte auf die Frage zum Beispiel wie folgt: »Es gibt drei Dinge, die ich gerne in den kommenden Monaten verbessern möchte. Ich würde gern meine Englischkenntnisse verbessern, um von einem sehr guten Level auf das Level verhandlungssicher zu kommen. Ich habe bereits einen Kurs recherchiert, mit dem ich das umsetzen kann. Ich möchte meine PowerPoint-Skills verbessern, da ich weiß, dass ausdrucksstarke Präsentationen zu meinem künftigen Aufgabengebiet gehören. Ich habe mich bereits für ein Tutorial eingeschrieben. Und ich möchte an meinem grünen Daumen arbeiten, da ich mit meiner Familie vor Kurzem in ein Haus mit Garten gezogen bin.« Zeige im Bewerbungsgespräch, dass du nicht nur weißt, was du kannst, sondern dass du willig bist, die Dinge, die du noch nicht kannst, zu lernen.

Mein Tipp: Arbeite mit dem Schwächen-sind-Stärken-Reframing (s. Seite 115).

Die Soforthilfe (Das kannst du gleich jetzt tun!): Frage deine Freund:innen nach deinen Schwächen (s. Seite 52). Überlege dir zu den drei häufigsten Nennungen, was du tun kannst, um konkret an diesen Schwächen zu arbeiten.

QUESTION THINKING – STELL DIR DIE RICHTIGEN FRAGEN

Du hast sicher bemerkt, dass ich die Fragen meiner Community gern mit einer Gegenfrage beantworte. Das ist kein Zufall. Ich habe dich in diesem Buch an zahlreichen Stellen mit Fragen konfrontiert. Warum? Weil das Question Thinking *das* Grundlagentool ist, auf dem alle anderen Tools, die ich dir in diesem Buch vorgestellt habe, aufbauen. Fragen helfen dir dabei, Antworten zu finden. Sie helfen dir, ein Problem nicht nur zu benennen, sondern dich einer Lösung zu nähern.

Lass dich dabei von einem »Das weiß ich nicht« nicht abschrecken. Auch das ist eine Antwort. Und zwar keine schlechte. Im Gegenteil. Sie zeigt dir, wo du in deiner Persönlichkeitsentwicklung stehst und welche anderen Fragen du dir zuvor noch beantworten musst. In einem »Das weiß ich nicht« steckt immer eine Aufgabe für dich. Eigentlich müsste es heißen: »Das weiß ich *noch* nicht.«

Wie das Fehlen einer Antwort dich zu neuen Fragen führt, will ich dir an einigen Beispielen zeigen:

- »Was ist dein Traumberuf?«
- »Das weiß ich noch nicht.«
- »Warum nicht?«
- »Ich habe keine Ahnung.«
- »Wie kannst du es herausfinden?«
- »Ich könnte mich mit meinen Werten sowie meinen Stärken und Schwächen beschäftigen. Ich könnte herausfinden, was mich motiviert. Ich könnte zu Berufen recherchieren.«

Oder:

- »Was motiviert dich?«
- »Mich fasziniert der menschliche Körper.«

- »Was fasziniert dich daran?«
- »Mich faszinieren seine Funktion und das Zusammenwirken von Ernährung und Psyche.«
- »Hast du schon mal überlegt, Physiotherapeut:in oder Ernährungsberater:in zu werden?«

Das richtige Question Thinking hilft dir, dich nicht nur zu strukturieren, sondern auch ins Tun zu kommen. Die Suche nach der Antwort auf eine Frage zwingt dich immer dazu, dich zuerst geistig zu bewegen und anschließend womöglich auch körperlich. Fragen helfen dir zu lernen. Höre daher niemals damit auf, dir die richtigen Fragen zu stellen. Zum Schluss möchte ich dir die zehn Fragen zeigen, die ich mir *immer wieder* stelle. Übernimm sie ruhig für dein eigenes Leben oder passe sie an.

- Was würde ich gerne tun, wenn ich niemandem etwas beweisen müsste?
- Was würde ich gerne tun, wenn ich kein Geld verdienen müsste?
- Wenn ich nur noch ein Jahr zu leben hätte, was würde ich dann tun?
- Woran glaube ich, wofür mich andere Menschen für verrückt halten?
- Welche Angst habe ich in der Vergangenheit überwunden, worüber ich heute lache?
- Was soll man mir später einmal nachsagen?
- Bei welcher Tätigkeit vergesse ich Raum und Zeit um mich herum?
- Welchen Ratschlag würde ich meinem zehn Jahre jüngeren Ich geben?
- In welchen Situationen bin ich beruflich besonders motiviert und warum?
- In welchen Momenten in meinem Job fühle ich mich glücklich?

UND JETZT?

Schön, dass du bis zum Schluss durchgezogen hast und bis hierhergekommen bist. Ich wünschte, ich könnte jetzt in deinen Kopf schauen. Brummt er von all dem Input, den du auf den Seiten zuvor bekommen hast? Oder herrscht bei dir plötzlich eine innere Klarheit, weil du realisiert hast, was du alles tun kannst, um an deinen Traumjob zu kommen? Ich bin auf dein Feedback gespannt, sei es auf TikTok, Instagram, YouTube oder via Amazon-Rezension. Mich würde zum Beispiel interessieren, ob du dir des einen Satzes bewusst geworden bist, in dem alles Know-how dieses Buches zusammenfließt. Er lautet:

Du bist der CEO deines Lebens.

Ich hoffe, du hast bemerkt, dass das nicht einfach nur so ein Motivationsspruch ist. Ich meine diesen Satz sehr ernst. Aus diesem Satz leitet sich der gesamte Inhalt unserer gemeinsamen »Mission: Traumjob« ab. Zum einen drückt dieser Satz aus, dass du entscheidest, wo es in deinem Leben lang geht. Du bist der Boss. Du musst andere nicht um Erlaubnis bitten. In diesem Satz steckt jedoch noch eine andere Perspektive. Als CEO hast du nicht nur Macht, sondern auch Verantwortung. Du kannst nicht nur Entscheidungen treffen, du musst sie auch treffen. Sonst passiert in deinem Unternehmen nicht das, was du willst. Du musst ins Tun kommen. Und genau davon handelt dieses Buch: von lauter konkreten Möglichkeiten, mit denen du aktiv werden kannst. Mit denen du dich strukturierst. Mit denen du lernst. Mit denen du dich entwickelst. Und mit denen du jede Menge Spaß hast, weil sich alsbald Erfolge einstellen.

Du bist der CEO deines Lebens.

Herzlichen Glückwunsch zu deiner wichtigsten Beförderung.

ÜBER DEN AUTOR

Tobias Jost, besser bekannt als *Der Karriereguru*, ist Gründer verschiedener Start-ups und erfolgreicher Social Media Creator. In seinen Videos setzt er sich mit den Themen Berufswahl, Karrierestart sowie Glück und Erfolg im Job auseinander. Mit seinem ersten Buch *Mission Traumjob* will er Schüler:innen, Studierende, Young Professionals und Berufstätige dabei unterstützen, ihre Berufung zu finden. Tobias Jost lebt in München.